肉品安全控制与危害物检测技术

白艳红　刘骁　岳晓月　著

图书在版编目(CIP)数据

肉品安全控制与危害物检测技术／白艳红，刘骁，
岳晓月著． -- 北京：中国纺织出版社，2020.12
ISBN 978-7-5180-5582-1

Ⅰ．①肉…　Ⅱ．①白…②刘…③岳…　Ⅲ．①肉制品
—食品安全—研究　Ⅳ．①TS201.6

中国版本图书馆CIP数据核字(2018)第263945号

责任编辑：郑丹妮　国　帅　　　责任校对：江思飞
责任印制：王艳丽

中国纺织出版社出版发行
地址：北京市朝阳区百子湾东里A407号楼　邮政编码：100124
销售电话：010—67004422　传真：010—87155801
http://www.c-textilep.com
中国纺织出版社天猫旗舰店
官方微博 http://weibo.com/2119887771
北京虎彩文化传播有限公司印刷　各地新华书店经销
2020年12月第1版第1次印刷
开本：710×1000　1/16　印张：10.5
字数：210千字　定价：68.00元

凡购本书，如有缺页、倒页、脱页，由本社图书营销中心调换

前　言

经过 70 多年的发展,我国肉品加工业通过引进西方先进技术及加强中华传统肉制品加工技术改革创新,经历了冷冻肉、高温肉制品、冷却肉、低温肉制品和传统肉制品标准化等发展阶段,在品质提升、营养保持、标准加工、安全控制及绿色制造等共性关键技术研发上取得长足进步,我国已成为世界肉品生产和消费第一大国。但是,在肉品加工质量安全控制及危害物检测技术还有欠缺,特别是与一些发达国家相比,在新技术方面相对薄弱,因此本书以课题组近年来关于"肉品安全控制与危害物检测技术"研究成果为基础,着重介绍了等离子体、超声波、超高压、电子束辐照等新型技术在冷鲜肉生产过程中质量安全控制领域的研究新进展,并概述了肉制品中杂环胺、亚硝酸盐等危害物的快速检测方法。

本书由郑州轻工业大学白艳红教授统稿,内容由郑州轻工业大学白艳红、郑州轻工业大学刘骁和郑州轻工业大学岳晓月三人共同完成。全书分为 11 章。第 1 章"绪论"主要介绍了冷却肉腐败变质及微生物污染情况、冷鲜肉保鲜与安全控制技术并阐述了肉品相关危害物检测技术。第 2 章"冷鲜鸡肉加工过程中腐败微生物分析"通过表型鉴定结合 16S rDNA 序列分析鉴定出冷鲜鸡胸肉中的两种优势腐败菌。第 3 章"冷鲜鸡肉中 *P. deceptionensis* 致腐能力的研究"探讨了 *P. deceptionensis* 对冷鲜鸡肉致腐能力,为冷鲜鸡肉的贮藏保鲜提供了理论依据。第 4 章"等离子体活化水对冷鲜鸡肉杀菌及品质的影响研究",主要论述了等离子体活化水对冷鲜鸡胸肉表面假单胞菌的杀菌效果,并研究了等离子体活化水对鸡胸肉色泽、pH、质构、感官等方面的影响。第 5 章"超声波处理对冷鲜鸡肉表面 *P. deceptionensis* 减菌效果的研究",揭示了超声波技术的抑菌机理及抑菌效果。第 6 章"超高压在冷却猪肉微生物控制中的应用"主要阐述了超高压处理对冷却猪肉菌落总数、货架期及微生物菌相的影响。第 7 章"电子束辐照在冷却猪肉保鲜中的应用"主要进行了电子束辐照冷却猪肉杀菌保鲜效果的研究。第 8 章"生物保鲜剂在冷却猪肉保鲜中的应用"探究了单一和复合生物保鲜剂对其保鲜效果,以及保鲜剂结合气调包装对冷却猪肉品质变化的研究。第 9 章"酱卤鸡腿中杂环胺的检测方法及机制研究"通过研究不同加工工艺对鸡腿品质和杂环胺含量影响,不同卤煮时间、功率、卤煮次数对酱卤鸡腿中杂环胺形成的影响,为杂环胺生成及抑制机理研究奠定基础。第 10 章"猪肉香肠中亚硝酸盐电化学检测方法的开发及应用"主要开发了一种用于猪肉香肠中亚硝酸盐检测的电化学传感器,从传感器的构建、检测机理、检测性能、实际样品检测及方法学验证等方面进行探索,为肉品中亚硝酸盐的快速、灵敏检测提供了新思路。第 11 章"猪肉香肠中亚硝酸盐荧光检测方法的建立及应用"主要开发了一种用于猪肉香肠中亚硝酸盐检测的荧光传感器,为肉品中亚硝酸盐的检测提供了一种有效、简单、快速、低成本的分析方法。

笔者通过主持河南省重大公益专项(201300110100),在肉品安全控制与危害物检测技术方面积累相关理论和应用技术基础。

由于笔者水平有限,书中难免存在疏漏和不当之处,敬请广大读者批评指正。

目　录

第1章 绪论

1.1 冷却肉概述

冷却肉是畜禽经严格检疫和工业化屠宰后胴体在 24 h 内降为 0~4℃,经排酸处理并且在分割、剔骨、分切、称量、包装、贮存、流通和销售过程中始终保持 0~7℃ 的生鲜肉。冷却肉以完善的冷链系统为基础,良好的操作规范为保障,肉质鲜嫩、营养、卫生、安全,是目前国内外生肉消费发展的主流。但是,冷却肉加工、贮存、运输和销售等各个环节都不可避免地受到微生物的污染,特别是在冷链不完善或中断条件下将因腐败微生物的生长和繁殖而失去食用价值和商品价值。此外,一些病源性微生物也常引起食源性疾病,甚至引发食物中毒,严重威胁人类的生命和安全。目前,全球范围内食品安全性问题日益突出,消费者需求营养、安全、天然食品的呼声越来越高。

猪肉作为我国居民主要肉食来源,占肉类消费品 60% 以上,其营养丰富,适宜微生物生长繁殖,而且在其生产、加工、运输和销售等环节中都易受到环境中的微生物污染,从而导致腐败变质、货架期缩短,因此,猪肉产品的安全问题越来越受到消费者的关注。目前市场销售的猪肉主要分为:热鲜肉、冷冻猪肉和冷却猪肉。热鲜肉一般是在凌晨屠宰、清晨销售,由于猪肉经过屠宰放血和简易处理后就进行售卖,从宰杀到消费者食用经过较短时间,此时猪肉一般处于僵直期,糖原经过降解后产生乳酸,导致肉品酸度下降,进而硬度增大,猪肉经过成熟过程,风味物质形成后,肉的味道才鲜美。经过僵直期后,肉品自身的降解作用加强,其中三磷酸腺苷的分解使肉温上升,此时酸性物质减少,导致 pH 值增大,而且猪肉表面潮湿,为微生物的生长繁殖提供了适宜的条件。猪肉经过 −23 ~ −25℃ 快速降温至完全冻结,然后在 −18℃ 下保存,这种肉称之为冷冻猪肉。猪肉在低温状态下保存,微生物的生长受到抑制,因此卫生安全得到保障。但低温使肌肉中的水分形成冰晶,细胞结构遭到破坏,肌肉持水力降低,导致肉品嫩度下降,同时在解冻时流出液滴中含有盐类、肌苷酸等物质,致使猪肉的口味变差。

鸡肉营养价值丰富,其高蛋白、低脂肪、低胆固醇、低热量的营养特点符合现代人健康消费的理念,越来越受到全世界的欢迎。在欧美等国家,鸡肉消费量逐渐超过牛肉、猪肉,成为第一大肉类消费食品。根据 2019 年世界粮农组织预测美国、中国和巴西禽肉产量分别为 2260 万吨、2040 万吨和 1420 万吨,中国已成为继美国之后世界第二大鸡肉生产国。随着经济发展和居民生活水平的提高,我国鸡肉消费量持续增高,根据联合国粮农组织(FAO)发布的数据显示,2019 年我国鸡肉消费量已超越欧盟,位居全球第二。由于丰富的营养成分和复杂的生产加工流程,鸡肉极易受到微生物等污染,导致货架期缩短、品质劣变甚至引发食源性疾病,威胁人类健康。

随着生活水平的提高,人们对食品安全的问题越来越关注,冷却肉越来越受到青睐。虽然冷却肉在加工、贮运和销售过程始终保持低温,能够有效地抑制微生物的生命活动,但某些微生物却能够在冷藏温度下很好地生长,比如:假单胞菌属、链球菌属和乳杆菌属等。随着储藏时间的延长,这些微生物的数量逐渐增加,引起肉品的物理变化和化学变化,其中物理变化尤其明显,常表现在气味、颜色、风味和嫩度等,所以仅靠低温还不能满足人们对其货架期的要求。因此,生产者应当更加重视肉中微生物的污染及控制以确保肉安全。

1.2　冷却肉腐败变质及微生物污染分析

1.2.1　冷却肉腐败变质的因素

冷却肉的腐败变质实质是肉中的脂肪、蛋白质等在微生物及内源性酶的作用下不断分解,最终导致气味、质地、色泽、pH 及感官性质等品质指标下降,不宜食用。一般认为健康的畜禽在屠宰之前其肌肉、血液等内部组织是无菌的。由此可知,冷却肉类微生物污染的开端是畜禽的屠宰加工。

导致冷却肉腐败变质的因素很多,主要有以下两个方面。一方面,内部因素导致腐败。由于肉含有丰富的蛋白质,这些蛋白质在内源性酶的作用下发生降解自溶生成氨基酸,这些氨基酸更有利于微生物的生长繁殖,此过程中微生物新陈代谢分泌更多蛋白酶类,进而加速肉中蛋白质的分解引起腐败。另一方面,外部因素导致腐败。肉在屠宰加工和贮藏销售过程中,环境因素如一定的温度、湿度等都会促进各种生物、化学变化,如脂肪的氧化腐败、微生物的生长繁殖等都会导致肉的腐败变质。Piñon 等指出由于肉本身丰富的营养物质、水分和适宜的

pH 值,以及加工、运输和贮藏等外界因素,导致许多致病细菌、致腐细菌大量繁殖,危及肉质量安全。综合两种因素,微生物污染是引起肉类制品腐败变质的最主要因素。世界卫生组织统计数据也表明,肉类在易受微生物污染的八类高危食品中占据首位。而从畜禽的饲养到屠宰,再到肉的分割、贮藏、运输及销售过程中微生物都无所不在,缩短了肉的货架期,影响产业的经济效益。

1.2.2 冷却肉中微生物污染分析

1.2.2.1 冷却肉中微生物的来源

冷却肉生产加工过程中,微生物的控制是一项重要指标。受微生物污染的冷却肉或肉产品是食源性疾病和食物中毒的主要原因,严重危及人类健康。冷却肉中微生物污染按照污染来源分为:内源性污染和外源性污染。内源性污染是指在屠宰前体内受到微生物的感染。一般认为健康的禽类其肌肉组织内部不会受到微生物的污染,就冷却肉而言,内源性污染不起主要作用。外源性污染是指在屠宰、分割、加工、运输、贮藏到销售过程中受到的污染。外源性污染来源和原因包括:①空气的污染。屠宰厂和冷却肉分割加工车间的空气中含有大量各种各样的微生物。这些微生物将转移到裸露在空气中的冷却肉或产品,从而使污染微生物初始数量升高。初始细菌数是冷却肉污染的关键控制点。②水的污染。肉屠宰厂用水受到病原微生物或腐败微生物等的污染后,超出 GB 5749—2006《生活饮用水卫生标准》中规定的菌落总数 100(CFU/mL)时,冷却肉在屠宰加工过程中就会受到污染。③加工和流通环节的污染。畜禽在屠宰、脱毛、开膛、去内脏、分割、包装等过程中,其不可避免地受到来自皮毛、肠道、设备和加工器具等处的微生物污染,也可能在贮藏、运输、销售等过程中造成微生物污染。Quilo 等研究中表明未经清洗的动物皮毛,表面的微生物总数可达 $5.0 \sim 6.0$ lg(CFU/cm^2)。夏小龙等分析肉鸡胴体分割过程中污染微生物,调查结果显示分割车间操作台、框子的菌落总数最高均超过 5.0 lg(CFU/cm^2)。这远远超出了 Patterson 等建议食品接触面的微生物总数的可接受水平 $1.69 \sim 4.00$ lg(CFU/cm^2)。彭珍、梁荣蓉等对肉微生物污染的分析表明,在屠宰加工等环节是冷却肉污染的关键。④工人携带的微生物污染。冷却肉加工、运输和销售环节的工人由于携带微生物或患病或操作过程不符合操作标准等都可造成肉受到污染。

1.2.2.2 冷却肉中微生物的种类

冷却肉中微生物的种类繁多并且来源广泛,这就导致其污染的多相性。污染的微生物主要分为致病菌和腐败菌。一些致病菌导致肉类腐败变质的同时产生有毒物质,是食源性疾病的根本来源,甚至造成食物中毒,引发重大食品安全事故。腐败菌是导致冷却肉腐败变质、货架期缩短的主要因素。

致病菌一般是因为畜禽类不完善的饲养管理、不合格的检验检疫、不合格的屠宰工序等污染冷却肉。污染源一般是外源性的,如皮毛、粪便、肠道破裂及工人携带等。食用致病菌污染的冷却肉或产品能引起食源性疾病。冷却肉中致病菌主要有沙门氏菌属(*Salmonella* spp.)、金黄色葡萄球菌属(*Staphylococcus aureus*)、单增李斯特菌(*Listeria monocytogenes*)、弯曲杆菌属(*Campylobacter* spp.)及肉毒梭菌属(*Clostridium perfringens*)等。冷却肉一般采用冷链方式流通,在低温条件下大部分致病菌生长受到一定的限制,但部分嗜冷致病菌仍能生长繁殖,如5℃以下单增李斯特菌的正常生长。目前冷却肉中致病菌检出率较低,但仍要给予足够的重视。

导致冷却肉腐败的细菌种类较多,其中主要以嗜冷菌为主。如假单胞菌属(*Pseudomonas* spp.)、肠杆菌属(*Enterobacteriaceae*)、乳杆菌属(*Lactobacillus*)、不动杆菌属(*Acinetobacter*)及热死环丝菌(*Brochothrix thermosphacta*)等。这些主要的腐败菌中,假单胞菌是优势腐败菌,属好氧微生物,具有较强分解蛋白质、脂肪及磷脂的能力,产生恶臭的硫化物、酯类及胺类物质,其在4℃条件下4~6 h可在肉品表面形成细菌被膜直接导致腐败。肠杆菌属在冷藏条件下增长速度仅次于假单胞菌,是冷却肉初始菌相中的优势腐败菌,能利用肉中的乳酸、葡萄糖六磷酸和氨基酸产生醛酮类、挥发性脂肪酸等异味物质,从而导致腐败变质。乳杆菌属主要污染肉品的是乳酸菌,属于兼性厌氧菌,主要分解糖类产生乳酸,使肉品腐败发酸。热死环丝菌属环丝菌属,在有氧条件下利用葡萄糖生成乙酸并能分解缬氨酸和亮氨酸产生挥发性酸,也是禽肉4℃贮藏时的主要腐败微生物。

1.3　冷鲜鸡肉保鲜技术研究现状

冷鲜鸡肉由于其自身营养特点越来越受到消费者的欢迎,但其高蛋白高水分的特点也极易受到微生物等的污染,导致品质下降,因此冷鲜鸡肉的保鲜防腐也越来越受到关注。近年来,科研人员针对冷鲜鸡肉保鲜进行研究,在保证原有品质的同时遵循无有害物质残留、经济实用地延长货架期的原则,常用的保鲜技术为:低温保鲜、气调保鲜和添加物保鲜。

1.3.1　低温保鲜

低温保鲜技术是应用最广泛、使用最早的保鲜技术之一,指利用低温技术产生的冷却水或冷空气使食品维持在低温状态下,从而使食品中酶及微生物的活性受到抑制,延长货架期。低温保鲜根据其温度控制不同又分为冻藏保鲜(−18℃以下)、微冻保鲜(−2 ~ −4℃)、冰温保鲜(冰点 ~ −2℃)和冷藏保鲜(0 ~ 4℃)。

肉类在流通和贮藏过程中为了保证其安全性,常采用冻藏保鲜,但肉类经反复冷冻解冻后风味和口感等品质发生严重劣变。朱明望等研究发现冻藏的冷鲜鸡肉能保鲜 90 d,此温度下酶的活性及微生物的代谢受到明显抑制,但肉品内部有大量冰晶形成,破坏其组织结构,经解冻后,冷鲜鸡肉的食用品质和营养受到严重破坏。另外 Soyer 等将冷鲜鸡肉分别置于 −7、−12 和 −18℃以下贮藏,结果表明在 −18℃以下冷鲜鸡肉中的蛋白质和脂肪更易氧化,品质劣变更为严重。微冻保鲜多应用于水产品的保鲜,其保鲜方式包括:低温盐水微冻法、冷却微冻法和冰盐混合微冻法。汤飞采用微冻保鲜技术保障冷鲜鸡肉的品质并延长其货架期,研究发现冷鲜鸡肉在 −3℃下可保鲜 25 d。冷鲜鸡肉在微冻条件下,在细菌生长繁殖得到抑制的同时,其脂肪氧化减缓、汁液损失率降低,新鲜度得到了有效的维持。研究人员发现,肉在非结冰的较低温条件下流通时,即冰温和冷藏条件下虽然货架期缩短,但在保鲜期内肉品能够更好地保持其原有的风味和口感。牛苑文等分析比较了 4、−0.7 和 −2.4℃贮藏温度下冷鲜鸡肉的品质变化及货架期,结果表明,随着贮藏时间的延长,冷鲜鸡肉品质下降且三个温度下货架期分别为 6、11 和 19 d。许立兴等探究了禽肉在冷藏和冰温条件下的品质变化,也得出冰温(−1℃)较冷藏禽肉的失水率更低,色泽、感官等方面更好,保鲜期得到了有效延长。目前冷鲜肉的保鲜仍以低温保鲜为主,科研人员进一步结合其他保鲜方式应用于实际生产生活。

1.3.2　气调保鲜

气调包装技术目前主要应用的气体通常为 CO_2、O_2 和 N_2,或是他们的各种组合,每种气体对食品的保鲜作用不同。CO_2 是 MAP 的抑制剂,能够抑制大多数的需氧菌和霉菌的繁殖,也可以降低其对数增长期的速度和延长细菌生长的滞后期,但对厌氧菌和酵母菌无作用。O_2 对食品的保鲜作用主要两个方面:抑制食品贮藏时厌氧菌的繁殖;在短期内使肉类食品呈鲜红色,易被消费者接受。N_2 是惰性气体,对被包装物一般不起作用,也不会被食品所吸收通常作为缓冲或平衡气体。

为了更加有效提高肉制品的品质、延长其货架期,在实际生产过程中气调包装可以配合保鲜剂应用,国内外都有进行报道。Suman 等将碎牛肉经过 1.0% 的壳聚糖与 0.4% CO + 19.6% CO_2 + 80% N_2 处理后,能够保持鲜红的颜色并能够降低其脂肪的氧化。李诚等研究发现冷却猪肉经过 5% 乳酸钠、0.2% 异维生素 C 钠和 0.4% 乙酸的混合保鲜剂及 25% O_2、50% CO_2 和 25% N_2 气调包装处理后均能有效抑制微生物的生长和 TVB – N 值,使其货架期分别达到 12 d 和 9 d,而当两者同时使用时,可使其延长到 15d,并且猪肉颜色始终保持为鲜红色。Alnehlawi 等比较了传统气调包装(70% CO_2、15% O_2 和 15% N_2)与无氧气调包装(100% CO_2)预处理后鸡腿的新鲜度,结果表明,两种包装方式均可降低肉中微生物的数量,且在不影响冷鲜鸡肉品质的前提下无氧气调包装更为有效。Latou 等将气调包装(30% CO_2 和 70% N_2)结合 1% 壳聚糖浸泡生鲜冷鲜鸡肉并于 4℃ 下贮藏,结果发现冷鲜鸡肉货架期由 5 d 延长至 14 d。气调包装结合其他保鲜技术,如冰温保鲜、生物保鲜等,保鲜效果更佳。

1.3.3 添加物保鲜

根据添加物的性质和来源,添加物保鲜可以分为化学保鲜和生物保鲜。

化学保鲜是指在食品中添加化学物质,以抑制微生物生长繁殖和防止食品腐败的一种保鲜方式。化学保鲜剂包括各种无机盐、有机酸、二氧化氯和臭氧等,其抑菌效果显著但安全性存在争议。目前在肉类工业中,常用的化学保鲜剂有:柠檬酸、抗坏血酸、甲酸、乙酸、乳酸及其钠盐、山梨酸及其钾盐等。González – Fandos 等用 2% 丙酸对鸡腿冲洗并在 4℃ 下贮藏 8 d,研究丙酸对鸡腿中单增李斯特菌的抑菌效果,结果表明:2% 丙酸处理组在冷藏第 3 d 时菌落总数降低了 2.72 个对数值,2% 丙酸可有效抑制单增李斯特菌的生长,使鸡腿货架期延长至少 2 d。任杰等研究猪肉浸泡山梨酸钾后的抑菌效果和保鲜期,结果表明:山梨酸钾能有效抑制酵母菌、霉菌及好氧菌的生长,延长保鲜期至 11 d。Zaki 等将十二烷基磺酸钠与有机酸混合作用于冷鲜鸡肉表面,结果表明混合液作用冷鲜鸡肉表面 1～3 min 就能有效抑制细菌的生长繁殖。

生物保鲜是指利用某些具有抑菌或杀菌活性天然物质的提取液,通过浸泡、喷淋或涂膜等方式作用于食品上达到保鲜防腐的目的。生物保鲜剂一般来源于生物体本身或其代谢产物,具有安全性高、不造成污染等优点。目前在肉类保鲜中常用的生物保鲜剂有：植物香料（茴香、肉桂等）、植物提取物（茶多酚、壳聚糖等）、微生物菌群及其代谢产物（乳酸菌发酵液、乳酸链球菌素（Nisin）以及纳他霉素）等。张强等将冷鲜肉分别浸泡在洋葱、生姜和大蒜提取物溶液中，结果表明三者均能有效抑制冷鲜肉的腐败变质，其中大蒜提取物保鲜效果最佳，可延长保质期至 12 d 以上。Krishnan 等将肉桂、牛至及丁香等香料提取液混合后对冷鲜鸡肉进行涂抹并于 4℃冷藏 15 d，研究香辛料提取液对冷鲜鸡肉品质的影响，结果显示涂抹后的冷鲜鸡肉与空白组对比色泽较好、TBARS 值较小、菌落总数以及大肠杆菌、乳酸菌、假单胞菌数都相对偏低，说明该香辛料提取液对冷鲜鸡肉具有显著的抑菌和抗氧化作用。由此可知，生物保鲜剂抑菌效果良好，对产品品质影响较小，但由于其提取工艺复杂、提取液有效成分含量少，在食品领域应用受限。目前，GB 2760—2014《食品安全国家标准　食品添加剂使用标准》中批准可用于肉制品的生物保鲜剂有乳酸链球菌素、纳他霉素。而作为新型生物保鲜剂的 ε-聚赖氨酸因具有抑菌谱广、安全、耐高温等特点，在一些发达国家已被广泛地应用于食品工业中的各个领域，在肉制品保鲜中具有广阔的前景；壳聚糖和茶多酚等在水产品保鲜方面已广泛应用，在肉制品保鲜中也一定的研究。

1.3.4　新型保鲜技术

非热杀菌技术，在杀菌保鲜的同时可保持食品风味和营养价值不受影响或受很小影响，成为当前食品加工领域的研究热点。本节简单介绍辐照、高压和冷等离子体等非热杀菌技术在冷鲜肉保鲜中的应用。

1.3.4.1　辐照保鲜

辐照保鲜是一种在常温下利用电离射线辐照食品，引起食品自身及其中微生物、寄生虫等产生一系列物理或化学效应起到抑制或破坏生物体生长繁殖和新陈代谢的作用，从而达到保持食品鲜度和卫生的目的。目前辐照保鲜技术包括 X 射线辐照、γ 射线辐照和电子束辐照，其中在肉品领域主要应用 γ 射线辐照杀菌。曹宏等研究了辐照综合保鲜技术对冷鲜鸡货架期的影响，结果表明，2.5 kGy 剂量的 γ 射线辐照冷鲜鸡肉可有效降低菌落总数，货架期可延长至 28 d。虽然辐照可以有效延长肉品的货架期，但研究表明，辐照会对肉品的风味、色泽、营养特性等品质产生不利的影响，比如肉品中脂肪、蛋白质被分解，出现辐照味、颜色加深、嫩度变化等不良现象，另外辐照会导致水溶性维生素损失较多，对其营养价值造成影响。

1.3.4.2　高压保鲜

高压保鲜作为一项非加热保鲜技术,是指将食品密封包装后放入液体介质中,施加 100 ~ 1000 MPa 的压力,在常温或低温条件下作用一段时间,以达到灭菌和破坏酶活的目的。

马瑞芬采用不同高压强度(0 ~ 500 MPa)和不同作用时间(0 ~ 25 min)处理生鲜冷鲜鸡肉,研究其品质变化及货架期,结果表明随着高压强度增加,作用时间越长,生鲜冷鲜鸡肉货架期越长,但冷鲜鸡肉品质也发生相应的下降。Kruk 等研究不同高压强度(300 MPa、450 MPa 和 600 MPa)处理生鲜冷鲜鸡肉 5 min 后品质及致病菌变化情况,结果显示高压强度越大,对沙门菌、大肠杆菌等致病菌的抑制效果越好,但同时生鲜冷鲜鸡肉的品质下降也越严重。由此可知,高压保鲜能够延长肉类的货架期,主要是由于高压处理破坏了微生物的细胞结构,但同时高压也破坏了肉中蛋白的内部结构,使产品品质下降。另外,高压设备制造困难、危险系数较高等问题限制了其进一步的发展和应用。

1.3.4.3　冷等离子体

冷等离子体作为一种新型非热杀菌技术,能够有效杀灭肉与肉制品在加工、运输和储存过程中伴生的细菌、酵母和真菌等食品腐败菌和食源性致病菌以及病毒,从而达到食品长期储存和保鲜的目的。

Ulbin - Figlewicz 等研究表明,经冷等离子体源(He)处理 10 min 后,猪肉表面的总菌落数、酵母和霉菌及嗜冷菌分别降低约 1.14、1.90 和 1.60 lg (CFU/cm²),牛肉表面的总菌落数、酵母和霉菌及嗜冷菌分别降低约 2.09、0.98 和 1.48 lg (CFU/cm²);经冷等离子体源(Ar)处理 10 min 后,猪肉表面的总菌落数、酵母和霉菌及嗜冷菌数量分别降低约 0.77、0.41 和 1.20 lg (CFU/cm²),牛肉表面的总菌落数、酵母和霉菌及嗜冷菌数量分别降低约 0.56、0.50 和 1.32 lg (CFU/cm²)。Bae 等将鼠诺瓦克病毒(MNV - 1)和甲型肝炎病(HM - 175)接种到牛肉、猪肉和冷鲜鸡肉表面,经 APPJ 处理 5 min 后,两种病毒均完全失活。

冷等离子体不仅能有效杀灭肉与肉制品表面的细菌、酵母和霉菌等,而且也能有效杀灭生鲜肉表面的病毒。

1.4　肉品危害物检测技术研究进展

肉制品加工中的危害物主要包括亚硝酸盐、亚硝胺、杂环胺类及多环芳烃类等物质。本书主要以杂环胺和亚硝酸盐为研究对象,阐述了杂环胺和亚硝酸盐检测方法研究进展。具体包括高效液相色谱法、气相色谱法、毛细管电泳法等检测技术对杂环胺及亚硝酸盐检测技术研究进展。

1.4.1　杂环胺检测方法

由于复杂的食品体系中杂环胺的含量为微量水平（ng/g），而且易受到食品其他基质的干扰，杂环胺的分离、纯化和检测技术一直是研究的热点。Gross 和 Gruter 等首次提出了杂环胺的前处理方法固相萃取（Solid Phase Extraction，SPE），用硅藻土做吸附剂填充到小柱里，然后通过串联 PRS 柱和 C18 柱两种柱子富集、纯化杂环胺。然后 Messner 等对固相萃取法进行了改进，使用 MCX 混合阳离子交换萃取柱，简化操作步骤，缩短提取时间 。最近，Aeenehvand 应用微波辅助提取和分散液—液微萃取方法结合提取汉堡包中的杂环胺（IQ、MeIQx、MeIQ），结果显示该提取方法使用溶剂消耗少，具有较好的重复性。

杂环胺的检测方法主要有高效液相（HPLC）、高效液相—质谱联用（LC - MS）、高效气相—质谱联用（GS - MS）、超高效液相色谱（UPLC）、超高效质谱联用（UC - MS）、高效液相色谱串联质谱电喷雾法（LC - ESI/MS）。肉制品加工中杂环胺的定量检测方法常用高效液相色谱串联紫外荧光和液相串联质谱方法。LC - MS 具有灵敏性高，主要分析难挥发和热不稳定的物质，而 LC - MS - MS 碎化离子，为杂环胺的检测定量提供了一个更准确，更建议的方法。吕美等 UPLC - MS/MS 检测技术成功检测出煎炸牛肉饼中的 3 种杂环胺（PhIP 、AαC 和 Norharman）。最近，Yan 等应用 UHPLC - MS/MS 同时测定猪肉中杂环胺（PhIP 和 4′ - OH - PhIP）和杂环胺前体物（苯丙氨酸、酪氨酸、肌酸、肌酸酐和葡萄糖），结果显示，该方法有效降低分析时间，减少由于分离步骤过多带来的误差。

1.4.2　亚硝酸盐检测技术研究进展

亚硝酸盐（NO_2^-）具有抑制肉毒杆菌、提高肉品风味、使肉制品着色等优点，可作为肉类的防腐剂和护色剂。NO_2^- 可将人体正常的血红蛋白（低铁血红蛋白）氧化为高铁血红蛋白，使血红蛋白失去携氧能力，进一步引起组织缺氧症状，使人患上高铁血红蛋白病。此外，NO_2^- 具有致癌性，在酸性环境中与二级胺、酰胺类物质发生反应，生成高致癌性的亚硝胺类化合物。因此 NO_2^- 成为食品检测领域的研究热点。根据国家标准（GB 2760—2014），亚硝酸盐是一种食品防腐色素，可用于肉类罐头、肉酱等的生产工艺中。但亚硝酸盐的最大使用量限制在

0.15 g/kg，食物中的残留量不能超过 30 mg/kg。目前采用了多种方法对亚硝酸盐进行准确的、灵敏的检测，确保了该方法的安全使用。目前，检测食品中的 NO_2^- 常用的方法有高效液相色谱法、离子色谱法、分光光度法等。

1.4.2.1 高效液相色谱法测定食品中的亚硝酸盐

高效液相色谱法是一种柱色谱分离技术，使用高压液体作为流动相，将超细颗粒用作高效固定相。高效液相色谱法具有选择性高、灵敏度高、适用范围广等优点，是目前常用的现代分析技术。Filip 等人建立了简单、准确的离子对反相高效液相色谱法，用于牛奶血清中亚硝酸盐和硝酸盐的测定。在流动相为辛胺和甲醇，流速为 1 mL/min，温度为 25℃，紫外波长为 214 nm 时进行检测。亚硝酸盐的最低检测限为 0.25 μg/mL 和 0.8 μg/mL。该方法具有良好的分析性能，适用于乳制品中亚硝酸盐的检测。Moshoeshoe 等人建立了紫外检测器同时检测水中亚硝酸盐、硝酸盐和磷酸盐的高效液相色谱法。以乙腈和酸化水（pH 2.7）为流动相，在 Phenomenex 系列液相色谱柱中实现色谱分离。高效液相色谱技术在本研究中的应用证明了它可以同时测定水样中的硝酸盐、亚硝酸盐和磷酸盐，结果与传统的离子色谱法相比较，回收率为 95.22% ~ 98.04%。该方法成本低，操作简单，避免了许多危险试剂的使用。

1.4.2.2 离子色谱法测定食品中的亚硝酸盐

离子色谱法是一种能够分析阴离子和阳离子的液相色谱法。Coviello 等人首次采用离子色谱—电导率检测相结合的方法测定肉制品中亚硝酸盐和硝酸盐离子的含量。实际样品中硝酸盐和亚硝酸盐的回收率不低于 84%。研究了五种用于婴儿喂养的肉类样本，即羔羊肉、兔肉、鸡肉、小牛肉和牛肉，其中亚硝酸盐的含量低于检出限，硝酸盐的含量为 10.7 ~ 21.0 mg/kg。Teresa 等人开发了一种毛细管离子色谱耦合电导率检测的方法，用于亚硝酸盐的分析测定。该方法已被充分验证用于分析不同类型的肉制品，所有验证参数均令人满意。

1.4.2.3 分光光度法测定食品中的亚硝酸盐

分光光度法是通过测定被测物质在特定波长或一定波长范围内光的吸光度或发光强度，对该物质进行定性和定量的方法。Altunay 等人建立了一种灵敏的检测亚硝酸盐的分光光度法，该方法是在离子配对剂的作用下，亚硝酸盐与过量的碘离子发生低浓度反应生成三碘离子，检出限为 0.5 μg/L，实际样品回收率在 97% ~ 104% 范围内。该方法不受基质干扰，成功应用于所选两组食品中亚硝酸盐、硝酸盐和总亚硝酸盐的间接测定。同时，通过分析标准物质和添加样品的回收率验证了其准确性。Lin 等人建立了分光光度法，同时测定了海水中 NO_2^-

和 NO$_3^-$ 的含量。用无毒可溶性还原剂——氯化钒代替剧毒的镉还原 NO$_3^-$ 至 NO$_2^-$，使用氨基磺酸除去 NO$_2^-$ 造成的干扰，然后进行 NO$_3^-$ 还原。NO$_2^-$ 和 NO$_3^-$ 的浓度分别用它们的校准曲线直接量化。采用单变量实验设计过程对测定 NO$_2^-$ 和 NO$_3^-$ 的实验参数进行了优化。该方法对 NO$_2^-$ 和 NO$_3^-$ 的检测限为 0.09 μM 和 0.18 μM。海水样品中 NO$_2^-$ 的回收率为 95.0% ~ 105.0%，NO$_3^-$ 的回收率为 95.0% ~ 104.3%。通过与镀铜镉柱还原法的比较，验证了方法的准确性，结果令人满意。该方法成功地应用于海水样品中 NO$_2^-$ 和 NO$_3^-$ 浓度的测定。该方法不受盐分的显著干扰，操作和计算方法简便。

迄今为止，已经发展了许多方法来检测亚硝酸盐，包括高效液相色谱法、离子色谱法、分光光度法等，但这些方法存在仪器昂贵、前处理复杂、耗时长等缺点。灵敏、简单、高效的快速检测方法引起了科研人员的广泛关注，目前报道过的亚硝酸盐的快速检测方法有电化学法、比色法和荧光法等。

1.4.2.4 基于电化学法在检测亚硝酸盐中的应用

电化学法作为亚硝酸盐的快速检测法，具有灵敏度高、选择性好的优点。Salem 等人报道了一种灵敏、可选择性和可复制的用于亚硝酸盐检测的电化学传感器，该传感器基于激光诱导石墨烯（LIG）电极在柔性聚酰亚胺衬底上，并进一步由羧基功能化多壁碳纳米管（f – MWCNT）和金纳米颗粒（AuNPs）薄膜修饰。该传感器在亚硝酸盐浓度为 10 ~ 140 μM 范围内呈线性关系（$R^2 = 0.996$），检出限为 0.9 μM。在存在典型干扰离子的情况下，如果添加超过 100 倍的过量离子，该传感器的相对标准偏差小于 10%。结果表明，一个 LIG/f – MWCNT – AuNPs 电极至少可以连续 7 次检测亚硝酸盐，当亚硝酸盐浓度为 90 μM 时，低信号变化为 2.63%。此外，同一批次制备的 7 个不同的电极表现相同，当亚硝酸盐浓度为 90 μM 时，低信号变化为 2.80%。

Wang 等人建立了基于 TiO$_2$ – Ti$_3$C$_2$TX 纳米杂化材料、十六烷基三甲基溴化铵（CTAB）和壳聚糖（CS）修饰的玻璃碳电极（GCE）检测亚硝酸盐的电化学传感平台。采用两步煅烧法制备了 TiO$_2$ – Ti$_3$C$_2$TX 纳米杂化材料。通过扫描电镜、X 射线衍射和 X 射线光电子能谱对纳米杂化及其制备工艺进行了表征。采用电化学方法对 TiO$_2$ – Ti$_3$C$_2$TX /CTAB/CS/GCE 的电化学行为和亚硝酸盐响应进行了表征和研究。在优化条件下，制备的 TiO$_2$ – Ti$_3$C$_2$TX /CTAB/CS/GCE 电极在 0.003 ~ 0.25 mM 和 0.25 ~ 1.25 mM 范围内呈线性关系，检出限为 0.85 μM。通过对水和牛奶样品中亚硝酸盐的检测，验证了该电化学传感器的实用性。牛奶等动物源性食品本身为酸性,而实际样品的前处理过程中也需要用酸来除去蛋白质等物质,因此前处理后的实际样品对电化学信号有较大的干扰,并且电化学分析法对环境的要求较高,如果实验室环境达不到要求,会对检测结果造成干扰。

1.4.2.5 基于比色法在检测亚硝酸盐中的应用

虽然比色法具有简单、便捷等优点,但其灵敏度不高、检出限过高,这是比色法面临和急需解决的问题。Xiao 和 Yu 报道了一种基于 4 - 氨基噻吩功能化金纳米棒(4 - ATP)的检测亚硝酸盐比色传感器。在亚硝酸盐存在和加热的酸性环境下,脱氨反应发生,导致金纳米棒表面电荷的还原,从而导致金纳米棒的聚集。检测亚硝酸盐的线性浓度范围为 5.2 ~ 100 mol/L。Ye 等提出了一种利用 AuNPs 和抗聚集机制检测亚硝酸盐的比色法。4 - 氨基噻吩(4 - ATP)通过 N—Au 和 S—Au 键使 AuNPs 聚集。在亚硝酸盐存在的情况下,4 - ATP 的胺基很容易与亚硝酸盐反应形成重氮离子。因此,AuNPs 的聚集随着游离 4 - ATP 数量的减少而减少,溶液的颜色由紫色变为红色。

1.4.2.6 基于碳量子点(CDs)的荧光传感技术在亚硝酸盐检测中的应用

现如今食品添加剂大大促进了食品工业的发展,但食品添加剂的过量使用会对人造成极大威胁,比如亚硝酸钠,主要添加到肉制品当中,作为防腐剂可以预防肉毒杆菌的产生,提高肉制品的安全性,还能作为护色剂以保持良好的外观。Zhan 等人制备了一种以碳量子点和氯化三(2,2′-联吡啶)钌(II)六水合物为荧光材料的比率型荧光探针,用于检测亚硝酸根(NO_2^-),检测机理为 CDs 的氨基官能团和 NO_2^- 之间通过重氮反应,生成重氮盐,诱导 CDs 猝灭。检出限为 0.018 μM,基于该方法,已成功制作了基于荧光比色的便携式琼脂糖水凝胶检测试剂盒,并将其应用于 NO_2^- 含量的现场检测,检测过程只需 10 min。Li 等人开发了一种检测亚硝酸钠的荧光传感器,以 CDs 为荧光探针,由于亚硝酸钠能与 CDs 结合,产生复合物,导致 CDs 荧光猝灭,检测范围为 0.5 ~ 20 mg/L,检出限低至 0.67 nM。Liu 等人报道了一种同时制备红/黄色双发射碳量子点(RYDE CDs)和红/橙色双发射碳量子点(RODE CDs)的方法,在 2,3 - 二氨基苯甲酸盐酸盐的作用下显示了长波长的荧光双发射峰。本研究中由红/黄色双发射碳量子点(RYDE CDs)制备的比率荧光纳米探针可用于亚硝酸盐的直接测定。在最优条件下,亚硝酸盐的检出限为 31.61 nM,浓度线性范围为 0.1 ~ 100 μM。此外,这种比率纳米探针已成功应用于培根、香肠、泡菜和牛奶样品的亚硝酸盐分析。基于 CDs 的荧光分析法具有操作简单、抗干扰能力强等优点,近年来被逐渐应用于食品添加剂的检测,通过改进实际样品的预处理过程,可以进一步提高检测的灵敏度和选择性。

1.4.2.7 基于半导体量子点(QDs)的荧光传感技术在亚硝酸盐检测中的应用

半导体量子点作为一种新型纳米材料,因其比表面积高、荧光强度稳定、优异的水溶性而成为荧光传感领域中一种重要的荧光探针。Yang 等人以空气稳定化合物为原料,采用较为简便、低成本、高效的水热法合成了 ZnCdS QDs,构建了用于 NO_2^- 检测的三元 ZnCdS QDs 荧光传感器。实验结果表明,随着 NO_2^- 的引入,ZnCdS QDs 的荧光强度逐渐降低,并对金属离子、阴离子等其他干扰物质抗干扰能力强。另外,该荧光传感器对火腿肠中的 NO_2^- 的含量进行检测,结果表明,火腿肠中 NO_2^- 的含量为 18.45 mg/kg。因此,该测试方法具有简单、快速、灵敏度高的优点。Ren 等人合成了具有亮绿色荧光的聚乙烯亚胺包封的 CdS QDs (PEI – CdS QDs),用于对蔬菜和水样中的亚硝酸盐的检测。结果表明,NO_2^- 的浓度在 $1.0 \times 10^{-7} \sim 1.0 \times 10^{-4}$ M 范围内,能有效猝灭 PEI – CdS QDs 的荧光,检出限低于世界卫生组织规定的饮用水中 NO_2^- 的最高检出限(6.5×10^{-5} M),因此该方法的应用具有重要意义。由于食品成分的复杂性,实际样品检测时会影响检测结果的准确性,因此,选择合适的实际样品预处理方法、稳定性和选择性更好的 QDs 十分必要。

1.4.2.8 基于 MOF 的荧光传感技术在亚硝酸盐检测中的应用

MOFs 作为一类由金属离子或金属团簇与有机配体通过配位键结合而成的杂化材料,在近几十年发展迅速,用于多种领域。MOFs 的多孔结构、高比表面积和优异的荧光性使其有希望成为测定分析物的荧光探针。Min 等人采用溶剂热法制备了一种新型的水稳定性好的 Tb – MOF,研究了 Tb – MOF 对 NO_2^- 的高灵敏度检测,并对该检测系统的动态猝灭过程进行了详细的研究。Tb – MOF 作为一种荧光传感器,其线性检测范围为 $0 \sim 15.6$ μM,检出限为 28.25 nM。机理研究表明,Tb – MOF 对亚硝酸盐的荧光响应是由 Tb^{3+} 离子对亚硝酸盐的能量传递所致。Huang 等人合成了一种新型的罗丹明 110@ MOF – 801 荧光探针,并成功用于 NO_2^- 的测定。本方法充分利用了罗丹明的荧光特性和 MOF 的多孔特性的优点,不仅可以克服 MOF 材料疏水性的缺点,还能保护其荧光特性,多孔 MOF 的开放性结构和良好的稳定性,促进了亚硝酸盐与荧光识别位点的相互作用。结果表明,NO_2^- 的浓度范围在 $2 \sim 7$ μM 时,与 Rh110@ MOF – 801 荧光探针呈线性关系,检出限为 0.2 μM。此外,设计良好的荧光探针可以对亚硝酸盐进行特异性识别,不受其他可能共存的干扰物质的影响。该方法已成功应用于含干扰离子水样中的亚硝酸盐的定量检测,预示了其在亚硝酸盐监测方面的巨大应用潜力。目前基于 MOF 的荧光分析法在检测亚硝酸盐中仍面临一些问题,如镧系 MOF 具有荧光稳定性差、水溶性差等缺点,造成检测过程重复性差,严重干扰检测结果,因此荧光强度高、稳定性好的 MOF 是未来荧光探针的发展趋势。

1.5 本章小结

本章主要介绍了冷却肉、冷却肉腐败变质及微生物污染情况分析,以及冷却肉保鲜技术研究现状和肉品危害物检测技术进展。在肉品安全控制方面,具体阐述了冷却肉及其保鲜意义,并详细介绍了物理保鲜、化学保鲜和生物保鲜技术在肉制品保鲜中的应用研究现状。针对肉品危害物检测技术,主要介绍了杂环胺及亚硝酸盐检测技术研究进展。

第2章　冷鲜鸡肉加工过程中腐败微生物分析

冷鲜鸡肉由于复杂的生产加工工序和自身营养特点极易受到污染而腐败变质。冷鲜鸡肉的腐败变质受贮藏温度、包装方式、微生物的种类等多种因素的影响。在贮藏期间,冷鲜鸡肉腐败变质的主要原因是微生物使肉中蛋白质分解、脂肪氧化,但并不是所有的微生物在冷鲜鸡肉腐败变质过程中都发挥着同等的作用。根据冷鲜鸡肉初始污染情况不同,初始菌相不同,不同初始菌相又因贮藏温度、包装方式导致菌相变化不同,以至于冷鲜鸡肉腐败变质的优势腐败菌不同。同时,腐败菌种类不同,贮藏期间的消长变化也不同,导致冷鲜鸡肉腐败变质的进程和腐败类型不同。因此,企业在冷鲜鸡肉实际生产加工过程中,了解冷鲜鸡肉优势腐败菌的种类变得尤其重要。

近年来,针对腐败菌的分离鉴定的已有不少研究。孙彦雨等应用16S rDNA PCR - DGGE 技术调查市售冷鲜鸡肉,在0~4℃冷藏条件下的优势腐败菌主要有热死环丝菌、乳酸菌、大肠杆菌、肉杆菌和腐败希瓦氏菌。黄林等通过 PCR 结合表型鉴定对腐败冷鲜肉中的细菌进行研究,获得出 5 株腐败菌分别为 *P. koreensis*、*Acinetobacter guillouiae*、*Brochothrixthermosphacta*、*Enterobacter cloacae* 和 *Bacillus fusiformis*。Höll 等采用基质辅助激光解吸电离飞行时间质谱(MALDI - TOF - MS)法研究冷鲜鸡肉在4℃及10℃贮藏条件下,气调包装氧含量不同腐败菌相不同,其中 *Pseudomonas* sp. 和 *Brochothrixthermosphacta* 是高氧气调包装中的优势腐败菌。高磊等的研究表明,不同优势腐败菌致腐能力不同,其中 *P. pseudoalcaligenes* 导致冷鲜鸡肉腐败的能力最强。因此,为更好地延长实际生产加工过程中冷鲜鸡肉的货架期,对其腐败菌种类的研究势在必行。

2.1　冷鲜鸡肉冷藏期间腐败菌菌相变化

本研究以河南省某肉鸡屠宰厂冷鲜鸡肉为对象,研究其4℃冷藏期间腐败菌菌相变化并通过细胞形态、生理生化特性及 GenⅢ表型测试初步对两株优势腐败菌进行分离鉴定,再结合 16S rDNA 序列确定腐败菌种类。最后,结合腐败菌生长曲线,研究冷鲜鸡肉贮藏期间腐败菌的生长特点,以期为冷鲜鸡肉的保鲜提供理论依据。

由表2-1和图2-1可知,在4℃冷藏过程中,冷鲜鸡肉中菌落总数、*Pseudomonas* 和 *Brochothrix* 菌落总数均呈增长趋势,其腐败菌相主要由 *Pseudomonas* 和 *Brochothrix* 构成。冷藏第0 d,细菌菌落总数为3.18 lg(CFU/g),*Pseudomonas* 和 *Brochothrix* 菌落数分别占9%和15%,这是因为 *Pseudomonas* 为好氧菌而 *Brochothrix* 为兼性厌氧菌,冷鲜鸡肉在密闭无菌袋中贮藏运输,不利于氧气流通。冷藏期间,由于冷鲜鸡肉采用保鲜膜托盘包装贮藏,氧含量较高,冷藏第2 d,冷鲜鸡肉菌落总数达到4.62 lg(CFU/g),其中 *Pseudomonas* 和 *Brochothrix* 菌落数分别占36%和23%,成为优势腐败菌。随着冷藏时间延长,受微生物之间拮抗和共生作用的相互影响,两种腐败菌菌落数占菌落总数百分比逐渐增大。冷藏第4 d,*Pseudomonas* 占菌落总数的43%,*Brochothrix* 占27%。冷藏第6 d,冷

表2-1 冷鲜鸡肉冷藏期间的腐败菌菌相消长变化

时间(d)	菌落数/lg(CFU/g)		
	菌落总数	*Pseudomonas*	*Brochothrix*
0	3.18	2.14	2.35
2	4.62	4.06	3.87
4	5.68	4.90	4.78
6	6.85	6.58	6.41
8	7.48	7.10	6.98

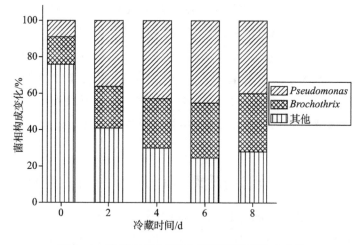

图2-1 冷鲜鸡肉冷藏期间腐败菌菌相构成变化

鲜鸡肉菌落总数为 6.85 lg(CFU/g)达到安全阈值。*Pseudomonas* 和 *Brochothrix* 菌落数分别占菌落总数的45%和30%。到冷藏第 8 d,冷鲜鸡肉表面有黏液形成并带有腥臭味,菌落总数超过国家标准7.0 lg(CFU/g),明显腐败变质。此时 *Pseudomonas* 占40%,*Brochothrix* 占32%。*Pseudomonas* 所占比例下降,可能是由于冷鲜鸡肉腐败产生较多酸性腐败物,导致其 pH 值下降,不利于 *Pseudomonas* 生长繁殖。综上可知,*Pseudomonas* 和 *Brochothrix* 是导致冷鲜鸡肉冷藏期间腐败变质的优势菌。

2.2　冷鲜鸡肉中优势腐败菌的分离鉴定

2.2.1　CM1、CM2 菌株的初步鉴定

如表 2 - 2 所示,CM1 菌落为乳白色、半透明、圆形、凸脐状,CM1 菌株为鞭毛极生的、不产芽孢的革兰氏阴性杆菌,对其进行氧化酶实验、H_2O_2 实验和精氨酸双水解酶实验结果均呈阳性,鉴定为氧化产酸型细菌。CM2 菌落为白色、不透明、圆形、隆起状,CM2 菌株为无芽孢和鞭毛的革兰氏阳性细菌,细胞形态呈短丝状,进行氧化酶实验和精氨酸双水解酶实验结果均呈阴性,H_2O_2 实验呈阳性,鉴定为发酵产酸型细菌。

表 2 - 2　CM1、CM2 菌株菌落形态及生理生化实验结果

类别	项目	CM1	CM2
菌落特征及菌体形态	菌落形态	圆形,凸脐状	圆形,隆起状
	菌落颜色	乳白色,半透明	白色,不透明
	细胞形态	杆菌	短丝状
	芽孢形态	无	无
	鞭毛情况	极生	无
	革兰氏染色	G -	G +
生理生化实验	氧化酶实验	+	-
	H_2O_2实验	+	+
	O/F 实验	氧化产酸	发酵产酸
	精氨酸双水解酶实验	+	-

注:"+"表示反应阳性;"-"表示反应阴性。

2.2.2　CM1、CM2 菌株的 BiologGenⅢ表型测试

根据 CM1、CM2 两菌株微孔板显色结果和 BiologGEN Ⅲ MicroPlate 数据库比对结果可以看出,每株细菌均有其各自亲缘关系较近的四株菌株(表 2 - 3)。结合表 2 - 2,可以初步鉴定细菌 CM1 与假单胞菌属 *Pseudomonsfragi* 亲缘性较近,其 *SIM* = 0.810;CM2 与热死环丝菌属 *Brochothrixthermosphacta* 亲缘性较近,*SIM* = 0.764。两菌株在现有数据库中未找到 *SIM* 值等于 1.0 的菌株,这可能是因为表型鉴定显色受检测环境温度影响,也可能是 BiologGEN Ⅲ MicroPlate 菌种库更新有一定的延迟。为确定两菌株身份,进一步通过 16S rDNA 序列分析进行验证鉴定。

表 2 - 3　CM1、CM2 菌株 BiologGenⅢMicroPlate 鉴定结果

菌种编号	PROB	SIM	DIST	微生物类型	菌种
	0.810	0.810	2.664	GN – NE nt	*Pseudomonsfragi*
CM1	0.342	0.342	2.692	GN – NE nt	*Pseudomons fluorescens A*
	0.051	0.051	3.844	GN – NE nt	*Pseudomonslundensis*
	0.048	0.048	3.885	GN – NE nt	*Pseudomonssyringaepvantirrhini*
	0.900	0.764	2.095	GP – Rod	*Brochothrixthermosphacta*
CM2	0.059	0.043	3.838	GP – Rod	*Brochothrix campestris*
	0.034	0.024	4.198	GP – Rod	*Carnobacteriumdivergens*
	0.007	0.004	5.247	GP – Rod	*Carnobacteriuminhibens*

2.2.3　CM1、CM2 菌株 16S rDNA 序列的扩增及系统发育树的构建

由图 2 - 2 可知,CM1 和 CM2 菌株经 PCR 扩增后进行电泳得到长度约 1500 bp 的有效条带,对其进行测序分析,并将测序所得 16S rDNA 序列与 EzBioCloud 数据库中已有序列进行比对并建立系统发育树。结合图 2 - 3 系统发育树和核酸序列比对可知,CM1 与 *Pseudomonas deceptionensis* (P. deceptionensis, DSM 26521) 亲缘关系最近为 99.50%,而与 *P. fragi* (NRRL B - 727) 亲缘关系为 98.93%。CM2 与 *Brochothrixthermosphacta* (DSM 20171) 亲缘关系最近为 100.00%。

与 CM1 亲缘关系最近的 *P. deceptionensis* 是 *P. fragi* 的一个亚种,适应温度范围较广,为 - 4 ~ 34℃,最低生长 pH 值为 4.5,属好氧菌,能够分解糖、醛酸类及丝

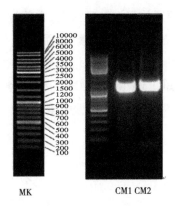

图 2-2　CM1 和 CM2 菌株 16S rDNA 序列 PCR 电泳图谱

氨酸产生恶臭的硫化物、酯类及胺类物质。与 CM2 亲缘关系最近的 *Brochothrix thermosphacta* 的适应温度范围为 1～30℃，pH 值范围为 5.6～6.8，兼性厌氧菌，能在有氧条件下利用葡萄糖生成酮酸类物质，在无氧条件下生成乳酸、乙醇等物质。Chai 和 Casaburi 在研究肉类贮藏保鲜时也发现这两种细菌是造成肉及肉制品腐败变质的优势微生物。

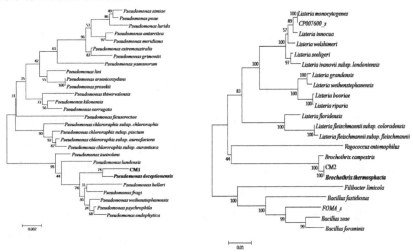

图 2-3　基于 16S rDNA 序列构建的 CM1、CM2 菌株系统发育树图谱

2.3　CM1、CM2 菌株生长曲线

为进一步研究 CM1 和 CM2 菌株的生长特点，测得两菌株的生长曲线如图 2-4所示，CM1、CM2 菌株各生长时期的长短不尽相同。CM1 和 CM2 菌株适

应环境变化的能力相近,两者均经 2 h 延滞期,之后进入指数期,CM1 菌株生长速率小于 CM2 菌株,CM1 经历 22 h 增长繁殖,而 CM2 仅用 4 h。指数期结束后,细胞生长进入稳定期,这个时期细菌细胞增殖和衰亡达到平衡,菌体数目最多,即图中曲线峰值。综上可知,CM1 菌株和 CM2 菌株延滞期相同(均为 2 h),指数期不同,CM1 为 22 h,CM2 为 4 h,CM2 菌株的生长速率较 CM1 快。

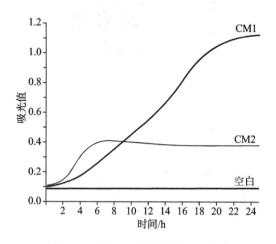

图 2-4　CM1 和 CM2 菌株生长曲线

2.4　本章小结

在 4℃冷藏期间,冷鲜鸡肉的腐败菌相主要由 *Pseudomonas* 和 *Brochothrix* 组成。随着冷藏时间的延长,两种腐败菌菌落总数逐渐增长,于第 2 d 成为优势腐败菌群,并于第 2~8 d 持续占据优势。到冷藏第 8 d,冷鲜鸡肉明显腐败变质,此时 *Pseudomonas* 和 *Brochothrix* 菌落数分别占菌落总数的 40% 和 32%。对两种细菌进一步纯化筛选得到纯种菌株 CM1 和 CM2,经研究可知,CM1、CM2 分别与 *Pseudomonas deceptionensis*(DSM 26521)和 *Brochothrixthermosphacta*(DSM 20171)亲缘关系最近。经生长曲线测定可知,两菌株延滞期均为 2 h,其适应环境能力相同,之后 CM1 菌株进入指数期的生长速率小于 CM2 菌株,CM1 经历 22 h 增长繁殖,而 CM2 仅用 4 h 到达稳定期。该研究为冷鲜鸡肉的贮藏保鲜及抑菌研究提供理论依据。

第3章 冷鲜鸡肉中 *P. deceptionensis* 致腐能力的研究

P. deceptionensis 最早在南极洲迪塞普逊岛海洋沉积物中分离出来,是革兰氏阴性好氧菌的一种,属于嗜冷菌,能在 −4~34℃ 条件下生长,其在 pH 值 4.5 以下生长受抑制。*P. deceptionensis* 能分解乳糖、甘露糖及部分醇类产酸。之后,*Silbande*、Chai 和 Lee 等相继在金枪鱼、牛肉以及冷鲜鸡肉中发现 *P. deceptionensis*,且 *P. deceptionensis* 为其样品腐败发挥了一定作用。结合第四章研究内容可知,*P. deceptionensis* 是冷鲜鸡肉中普遍存在的优势腐败菌。Mulet 等指出 *P. deceptionensis* 是 *Pseudomonas* 属的一个分支,而 *Pseudomonas* 属的细菌具有较强分解蛋白质、氧化脂肪和磷脂的能力,产生恶臭的胺类、酯类及硫化物等物质,从而导致肉品腐败变质。

刘胐研究了不同贮藏温度对冷鲜鸡肉微生物及肉品品质的影响,利用选择性培养基分离得到致腐菌,结果表明:4℃贮藏 3 d 后假单胞菌总数超过细菌菌落总数,增殖速度较快,产氨等其他腐败产物能力较强。Liu 等研究表明假单胞菌经过 4~6 h 能在 4℃肉样表面形成细菌被膜,能更好地抵御外界不良条件使菌体大量繁殖。Morales 等从冷藏冷鲜鸡肉中分离得到 5 株假单胞菌研究其表型和基因型特征,结果发现假单胞菌主要通过分解蛋白质、脂肪和磷脂使肉样腐败变质。Chai 等研究牛肉货架期时发现,5℃贮藏 5 d 牛肉明显腐败变质,此时假单胞菌属占菌落总数的64.55%,成为优势菌株,且 *P. deceptionensis* 位居假单胞菌属第一位成为绝对优势。这说明同一菌属不同菌株间引起冷鲜肉腐败变质的能力不同,因此结合冷鲜鸡肉生产加工实际,评估冷鲜鸡肉中 *P. deceptionensis* 的腐败能力尤为重要。

本章以指定肉鸡屠宰厂分割车间的冷鲜鸡肉为研究对象,将 *P. deceptionensis* 菌株接种到减菌后的冷鲜鸡肉块上,4℃条件下贮藏,在第 0、2、4、6、8 d 定时取样检测感官指标、菌落总数、TVB−N 值、pH 值和质构特性,研究 *P. deceptionensis* 对冷鲜鸡肉的致腐能力。

3.1　接种 *P. deceptionensis* 后冷鲜鸡肉菌落总数变化

肉类食品腐败变质是由肉中的酶以及微生物的作用,使蛋白质分解,脂肪氧化而引起,微生物的大量繁殖是引起肉质腐败的主要根源,因此微生物的数量是衡量肉质腐败程度的一个重要指标。随着贮藏时间的延长,各组冷鲜鸡肉菌落总数变化如图 3 - 1 所示

国标规定冷鲜肉新鲜度指标菌落总数临界值为 6.0 lg(CFU/g),此线为警戒线,超过或达到 7.0 lg(CFU/g)时冷鲜肉开始明显腐败,菌落总数达到 8.0 lg(CFU/g)时,冷鲜鸡肉表面有黏液形成,不宜加工或食用。由图 3 - 1 可知,在整个 4℃贮藏过程中,两组冷鲜鸡肉块菌落总数均呈现明显的增长趋势($P <$ 0.05)。贮藏第 0 d。减菌处理后冷鲜鸡肉(对照组)中菌落总数下降为 2.8 lg(CFU/g),接种 *P. deceptionensis* 的冷鲜鸡肉(实验组)的菌落总数达 5.3 lg(CFU/g),两组冷鲜鸡肉菌落总数均在国标规定范围之内。在贮藏第 2 d,两组冷鲜鸡肉菌落总数增加均较为缓和,对照组菌落总数为 4.0 lg(CFU/g),实验组菌落总数为 5.9 lg(CFU/g),两组仍均处于临界值之内。对照组和实验组冷鲜鸡肉分别增加了 1.2 和 0.6 个对数值,实验组菌落总数增加较少,这可能是因为实验组中冷鲜鸡肉上新接种的 *P. deceptionensis* 相对冷鲜鸡肉初始细菌需经历调整期。贮藏第 4 d,实验组冷鲜鸡肉菌落总数增长了 3.1 个对数值,较对照组增长迅速。此时实验组冷鲜鸡肉菌落总数达到 8.5 lg(CFU/g),超过警戒线明显腐败变质,而对照组菌落总数为 5.2 lg(CFU/g),冷鲜鸡肉较为新鲜。随着贮藏时间延长,对照组冷鲜鸡肉菌落总数于第 8 d 达到 8.2 lg(CFU/g),出现腐败变质。

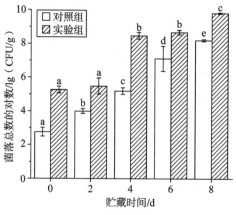

图 3 - 1　贮藏期间不同处理组冷鲜鸡肉菌落总数变化

3.2　接种 *P. deceptionensis* 后冷鲜鸡肉 TVB – N 值变化

肉及肉制品在腐败过程中由于酶及细菌的分解作用,将蛋白质等脱氨、脱羧形成的氨及胺类碱性含氮物质称为挥发性盐基氮(TVB – N),目前已被我国和世界上大多数国家认定为评价肉及肉制品新鲜度的一项重要指标。其评价标准为:一级鲜度≤15 mg/100g,二级鲜度(可食范围)≤25 mg/100g,变质肉 > 25 mg/100g。图3 – 2表示4℃下随着贮藏时间的延长,两组冷鲜鸡肉样品 TVB – N 值逐渐增大,且实验组增加速度较快。

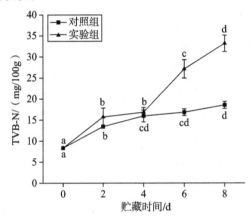

图 3 – 2　贮藏期间不同处理组冷鲜鸡肉 TVB – N 值的变化

由图可以看出,贮藏第 0 d 两组冷鲜鸡肉TVB – N 值均为 8.4(< 15) mg/100g 属于一级鲜度范围,表明实验组只是进行了减菌和接菌使冷鲜鸡肉菌落总数减低或升高,并未对冷鲜鸡肉中蛋白质造成影响。随着贮藏时间延长,两组冷鲜鸡肉的 TVB – N 值均显著增加($P < 0.05$)。在贮藏第 2 d,对照组冷鲜鸡肉TVB – N 值为 13.44 mg/100g,属于一级鲜度,实验组为 15.68 mg/100g,属于二级鲜度。贮藏第 2 ~ 4 d,两组冷鲜鸡肉 TVB – N 值增加较为缓慢,其中对照组冷鲜鸡肉 TVB – N 值为 15.96 mg/100g,实验组为16.80 mg/100 g,两组均大于 15 mg/100g,进入二级新鲜范围。贮藏第 4 ~ 8 d,实验组冷鲜鸡肉 TVB – N 值迅速增加并于第 6 d 达到 27.0(>25.0) mg/100g,进入变质范围,而对照组 TVB – N 值增加较为缓慢,在贮藏第 8 d 仍处于二级鲜度范围。这可能是因为对照组肉样进行了减菌处理导致其初始菌数较低,分解冷鲜鸡肉中蛋白质的速度较慢,从而导致TVB – N 产量较低、增长速度较慢。而实验组冷鲜鸡肉接种了 *P. deceptionensis*,

P. deceptionensis 作为优势腐败菌抑制其他细菌生长,加速了肉质的腐败。由此可知,在4℃冷藏条件下,TVB – N 值表征冷鲜鸡肉新鲜度时,实验组冷鲜鸡肉于第 6 d 进入变质肉范围,而对照组在贮藏第 8 d 仍处于二级鲜度范围。

3.3　接种 *P. deceptionensis* 后冷鲜鸡肉 pH 值变化

pH 值是指示肉腐败程度的一个重要指标,判定的标准为:一级鲜肉 pH 值为 5.8 ~ 6.2;二新鲜肉 pH 值为 6.3 ~ 6.6;变质肉 pH 值≥6.7。图 3 – 3 表示各组冷鲜鸡肉样在4℃贮藏期间,随时间的延长冷鲜鸡肉 pH 值均呈上升趋势,且实验组上升速度大于对照组。这与 TVB – N 值变化相一致。从图中可以看出,新鲜冷鲜鸡肉的 pH 值为6.1。贮藏第 2 ~ 4 d,两组冷鲜鸡肉 pH 值均变化缓慢,均在 6.3 ~ 6.6 范围内,肉质新鲜度降低。贮藏第 6 ~ 8 d,实验组冷鲜鸡肉 pH 值迅速升高并于第 6 d 达到 7.1(> 6.7),肉质腐败。而对照组上升速度较为缓慢,在贮藏第 8 d 为 6.6,处于二级新鲜和变质之间,冷鲜鸡肉开始发生腐败。这与两组冷鲜鸡肉 TVB – N 值表征新鲜度变化相一致。活鸡屠宰后体内肌糖原经过无氧酵解形成的乳酸与自身内源性酶类分解蛋白质等产生的胺类等碱性物质中和,使得 pH 值较为稳定。随着贮藏时间的增加,微生物生长代谢旺盛,分解产生胺类等碱性物质不断增加,使冷鲜鸡肉 pH 值升高。且接种 *P. deceptionensis* 的肉块 pH 值明显高于对照组($P < 0.05$),说明 *P. deceptionensis* 分解产生胺类等碱性物质的能力较强。由此可知,在4℃冷藏条件下,pH 值表征冷鲜鸡肉新鲜度时,实验组冷鲜鸡肉于第 6 d 进入变质肉范围,而对照组在贮藏第 8 d pH 值到达变质肉范围边缘,冷鲜鸡肉开始发生腐败变质。

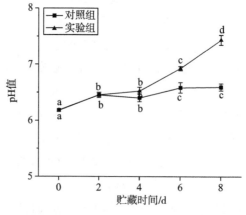

图 3 – 3　贮藏期间不同处理组冷鲜鸡肉 pH 值的变化

3.4　接种 *P. deceptionensis* 后冷鲜鸡肉质构特性变化

质构特性是一种感官特性,它通过硬度、弹性和胶黏性等指标综合反映食品的物理性质和组织结构,是消费者选择产品质量的重要参考。由图 3-4 可见,

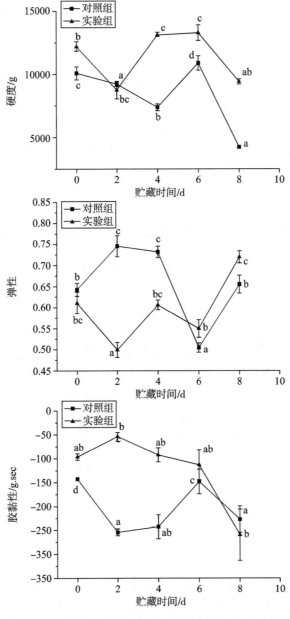

图 3-4　贮藏期间不同处理组冷鲜鸡肉质构特性的变化

随着贮藏时间的延长,两组冷鲜鸡肉样品的各 TPA 值均呈现出较明显变化($P <$ 0.05)。其中实验组冷鲜鸡肉样品的硬度和弹性均呈现出先下降后升高的趋势,而胶黏性呈现先升高后下降的趋势。贮藏第 0 d 冷鲜鸡肉硬度值较高,可能是由于新鲜冷鲜鸡肉解僵不完全。随着贮藏时间的延长,微生物开始大量繁殖使肉样持水力下降,内部结构组织被破坏,导致硬度下降。弹性在第 4 ~ 6 d 逐步升高且明显高于对照组,这可能是由于肉样变质,微生物大量繁殖使表面黏性增大,探头返回时拉扯肉样上升,使测得的数据偏离真实弹性值。肉块的胶黏性随着时间的增大均逐步下降,说明组成冷鲜鸡肉样品结构的内部键力逐渐减小,产生不可恢复形变,所需要的功也逐渐减少,即胶黏性下降。贮藏第 8 d,两组冷鲜鸡肉样品的 TPA 值发生了较显著变化($P < 0.05$),这是由于后期微生物大量富集导致冷鲜鸡肉出水、发黏,使其品质受到严重影响,最终导致硬度及胶黏性降低、弹性增大。对比对照组可知,*P. deceptionensis* 对冷鲜鸡肉腐败变质质构特性改变贡献较大。

3.5　接种 *P. deceptionensis* 后冷鲜鸡肉感官评价

将冷鲜鸡肉样品从冰箱中取出,待温度趋于室温时由 10 位食品专业人员对样品进行感官评价。评价人员分别从外形、颜色、气味、触感四个方面进行评定,具体标准及分值见表 3 - 1。

表 3 - 1　冷鲜鸡肉的感官评价标准

分值	外形	颜色	气味	触感
5	肌肉组织致密完整,纹理清晰色泽正常	呈现新鲜的淡黄色或肉色,表面富有光泽	没有异味	肌肉坚实有弹性,手指按压后凹陷很快消
4	肌肉组织致密,纹理较为清晰	呈现较为新鲜的淡黄色或肉色,表面较为光泽	没有明显异味	肌肉坚实有弹性,手指按压后凹陷较快消
3	肌肉组织略微松散,看不出明显纹理	呈现稍暗淡的肉色,表面稍有光泽	略有肉的腥臭味或氨味	肌肉较有弹性,手指按压后凹陷缓慢消失
2	部分肌肉组织松散	呈现较暗淡的肉色,表面无光泽	有明显的腥臭味或氨味	肌肉较有弹性,手指按压后凹陷消失极慢
1	肌肉组织松散	肉色暗淡,无光泽	有强烈的腥臭味或氨味	肌肉无弹性,手指按压后凹陷缓慢明显,较长时间无变化

冷鲜鸡肉样品的综合分值在 17 ~ 20 分为一级新鲜肉,9 ~ 16 分为二级新鲜肉,8 分以下为变质肉。10 位评价人员对三组冷鲜鸡肉样品从四个方面打分,统

计结果如图 3 - 5 所示。

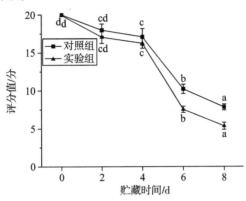

图 3 - 5　贮藏期间不同处理组冷鲜鸡肉感官评分

由图 3 - 5 可知,随着贮藏时间的延长,两组冷鲜鸡肉综合评分均呈明显下降的趋势,且综合评分始终是对照组 > 实验组。对照组冷鲜鸡肉在 0 ~ 4 d 处于一级新鲜状态且变质速率较慢,贮藏 4 ~ 8 d 变质速率加快并于第 8 d 评分低于 8 分达到变质。实验组冷鲜鸡肉在第 0 ~ 4 d 分值大于 16,为一级新鲜肉,随后第 4 ~ 6 d 综合评分从 16.2 下降为 7.5,下降两个新鲜度,于第 6 d 成为变质肉。这是由于对照组样品经减菌处理后初始菌落数较少,品质劣化较为缓慢,而实验组经灭菌处理后接种了 *P. deceptionensis*,贮藏初期该细菌处于调整期,生长速率较小,冷鲜鸡肉品质劣变较为缓慢,随后细菌调整之后生长速率加快、代谢旺盛,导致冷鲜鸡肉品劣变逐渐加快。由此可知,在 4℃冷藏条件下,以感官评价作为表征冷鲜鸡肉新鲜度时,实验组冷鲜鸡肉第 6 d 进入变质肉范围,而对照组冷鲜鸡肉在贮藏第 8 d 时变质。综上可知,冷鲜鸡肉块接种 *P. deceptionensis* 后,其货架期至少缩短 2 d。

3.6　本章小结

本研究有目的地将筛选得到的 *P. deceptionensis* 接种到灭菌处理后的冷鲜鸡肉中,4℃贮藏条件下研究其致腐能力。经研究可知,在 4℃条件下,随着贮藏时间的延长:

①接种 *P. deceptionensis* 的冷鲜鸡肉块菌落总数从 0 d 的 5.3 lg(CFU/g)逐渐增加至第 4 d 的 8.5 lg(CFU/g),超过国家冷鲜肉新鲜度标准,未接的冷鲜鸡肉块菌落总数则于第 8 d 达到 8.2 lg(CFU/g)成为变质肉。

②接种 *P. deceptionensis* 的冷鲜鸡肉块的 TVB - N 值和 pH 值从 0 d 的 8.4 mg/

100 g 和 6.1,通过 6 d 时间增加至 27.0(>25.0) mg/100 g 和 7.1(>6.7),进入变质肉范围,而未接种的冷鲜鸡肉块则在贮藏第 8 d 两指标超过食用肉标准。

③接种 *P. deceptionensis* 的冷鲜鸡肉块的质构特性及感官评价均低于未接种组。

综合各项指标,接种 *P. deceptionensis* 的冷鲜鸡肉的腐败变质较未接种组迅速,货架期缩短 2 d,4℃贮藏时第 6 d 达到腐败变质。由此可知 *P. deceptionensis* 对冷鲜鸡肉具有较强的致腐能力。

第4章 等离子体活化水对冷鲜鸡肉杀菌及品质的影响研究

等离子体技术在食品工业杀菌保鲜领域具有广泛的应用,但由于食品原料形状的不规则性,现有的冷等离子体技术在处理均匀性等方面还未达到理想的效果。因此,国内外最新研究已将水作为冷等离子体的中间媒质来对食品进行处理。研究证实,经等离子体处理的无菌水或蒸馏水等液体溶液制备的等离子体活化水(Plasmas - activeted water, PAW)也具有良好的杀菌作用。由于溶液具有良好的均匀性和流动性,PAW 在食品工业生产和安全控制领域中的应用备受广泛关注。

4.1 等离子体活化水在食品工业中的应用研究

4.1.1 等离子体活化水概述

等离子体活化水,也称等离子体处理水(Plasma - treated water, PTW),主要通过等离子体装置在水表面或水下进行等离子体放电来制备,由此使水体性质改变而形成活化水,主要包括大气压等离子体射流(APPJ)、介质阻挡放电(DBD)、表面介质阻挡放电(SDBD)等,其装置示意图见图 4 - 1。

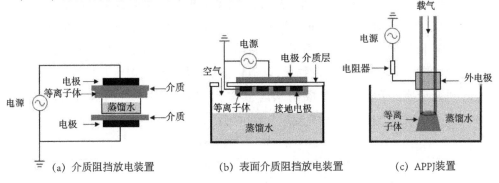

(a) 介质阻挡放电装置　　(b) 表面介质阻挡放电装置　　(c) APPJ装置

图 4 - 1　等离子体活化水产生装置示意图

4.1.2 PAW 理化特性

4.1.2.1 活性成分分析

等离子体放电引发各种物理化学过程(见图 4 - 2),并在气相、气液和液相环境中形成羟自由基($\cdot$OH)、氢自由基($\cdot$H)、一氧化氮自由基($\cdot$NO)、单态氧($^1O_2$)等初级活性物质和 O_3、H_2O_2、HNO_3、NO、NO_2 等次级活性物质,上述活性物质扩散到液体中产生过氧亚硝基阴离子($ONOO^-$)、NO_2^-、NO_3^- 等活性化学物质。

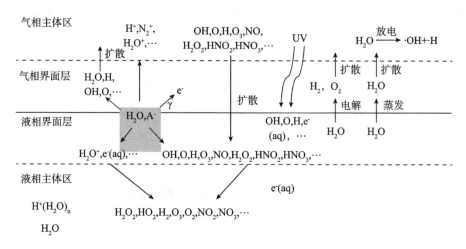

图 4 - 2　气体等离子体与水溶液相互作用中产生的活性物质和机制示意图

注:A^- 表示阴离子。

4.1.2.2 pH

空气/氮气等离子体中形成的化学物质与水发生反应导致液体酸化,显著降低溶液的 pH。Wu 等在液面下利用大气压电晕放电等离子体射流处理溶液制备PAW,空气等离子体激活 10 min,溶液的 pH 值由初始的 7 降至 3.5,经 20 min 后,其 pH 值降至 2.6;氧气等离子体激活溶液的 pH 无变化,因为空气等离子体产生 NO、NO_2、NO_3 等氮相关的物质,以硝酸和亚硝酸的形式溶于水中导致 pH 降低。研究证实,等离子体造成的水溶液酸化主要与其产生的 NO_2^-、NO_3^-、$ONOO^-$ 等含氮物质有关。相关反应方程如下:

$$NO + OH \longrightarrow HNO_2$$

$$NO_2 + OH \longrightarrow HNO_3$$

$$2NO_2 + H_2O \longrightarrow HNO_2 + HNO_3$$

4.1.2.3　氧化还原电位

氧化还原电位(Oxidation reduction potential,ORP)是表征水溶液氧化还原能力的重要指标,且与其中含有的活性氧、活性氮等物质有关。Choi 等报道,等离子体激活去离子水 30、60、120 min 制备 PAW 并记为 PAW30、PAW60 和 PAW120,与对照组相比较(551.47 mV),PAW30、PAW60 和 PAW120 的 ORP 分别显著升高至 750.07、772.67 和 798.33 mV($P < 0.05$)。相关研究表明,PAW 的高 ORP 值可能会破坏细菌细胞内外膜并失活微生物的防御机制。

4.1.2.4　电导率

等离子体放电过程中产生的活性物质易溶于水,其中形成的 ROS 和 RNS 将有助于 PAW 的电导率显著升高。Chen 等研究结果表明,等离子体激活无菌蒸馏水 20 min,PAW 的电导率由初始的 8.2 μS/cm 显著升高至 451.5 μS/cm($P < 0.05$)。

4.1.3　PAW 对肉制品的保鲜和护色作用

在肉制品加工中,亚硝酸盐作为常用的添加剂,具有发色、抑菌、抗氧化和提高风味等多重作用。由于能够与肉制品中蛋白质分解产物胺类物质反应形成致癌物质 N - 亚硝基化合物,因此,亚硝酸盐的应用受到限制。当前,寻找更加安全的亚硝酸盐替代物且降低其使用量是肉制品加工工业研究的重要领域和发展趋势。

近年来,冷等离子体处理可产生亚硝酸盐并替代肉制品中 $NaNO_2$ 的添加。在空气放电过程中,N_2 和 O_2 反应形成的活性氮氧化物能够与水分子发生反应,产生 NO_2^-、NO_3^- 等物质,相关反应方程如下:

$$N_2 + e \longrightarrow N + N + e$$
$$N + O_2 \longrightarrow NO + H$$
$$NO + O_3 \longrightarrow NO_2 + O_2$$
$$NO(aq) + NO_2(aq) + H_2O(l) \Longleftrightarrow 2NO_2^- + 2H^+$$
$$NO_2(aq) + NO_2(aq) + H_2O(l) \Longleftrightarrow NO_2^- + NO_3^- + 2H^+$$

由于含有一定浓度的亚硝酸根和硝酸根,PAW 在肉制品保鲜和护色方面具有较大的应用前景。研究证实,将 PAW 添加到乳化型香肠、肉糜等加工中,能够发挥良好的保鲜和护色作用。Jung 等报道,在乳化型香肠制备过程中添加 PAW、芹菜提取物和亚硝酸盐并于 4℃储藏 28 d 后,PAW 处理组总需氧菌数与亚硝酸盐处理组类似,且比添加芹菜提取物处理组低,但均显著低于空白组($P < 0.05$);

相比于亚硝酸盐处理组,加入 PAW 的香肠 L^* 值(亮度)显著升高,而 a^* 值(红度)和 b^* 值(黄度)均显著降低($P < 0.05$),且过氧化值和感官得分无显著差异,与添加芹菜提取物的香肠相比,PAW 处理组的香肠味道和总体可接受性较高。因此,PAW 作为一种亚硝酸盐的替代品,在肉制品加工和安全控制方面具有较为广阔的应用前景。

4.1.4　PAW 在果蔬杀菌保鲜中的应用

近几年的研究表明,PAW 具有广谱杀菌特性,能够有效杀灭存在于环境和食品中的腐败菌和食源性致病菌。目前,PAW 在食品杀菌保鲜领域的研究主要集中于果蔬产品。据报道,PAW 浸泡处理能够有效杀灭卷心菜、葡萄、草莓、双孢蘑菇等表面的微生物并显著延长其储藏期。Ma 等采用 APPJ 放电 10 min 和 20 min 制备的 PAW,记为 PAW10 和 PAW20,经 PAW10 和 PAW20 浸泡处理 5、10 和 15 min 后,草莓表面的金黄色葡萄球菌数量减少 1.6 ~ 2.3 lg(CFU/g);经储藏 4 d 后,其数量减少 1.7 ~ 3.4 lg(CFU/g);且草莓的色泽、硬度和 pH 等指标均未发生显著变化($P > 0.05$)。以上研究结果表明,PAW 处理既能有效杀灭消除生鲜食品上的微生物,又能抑制并延缓生鲜食品腐败变质,在食品杀菌保鲜领域具有广阔的应用前景。

目前国内外研究学者对 PAW 的杀菌机理尚未得出统一的观点。研究证实,PAW 含有的 H_2O_2 等活性物质被认为能够穿过细胞膜进入细胞,通过损伤 DNA、蛋白质等引发氧化应激等途径而杀死微生物。此外,PAW 中形成的活性化学物质表明:高 ORP 和低 pH 的协同效应也被认为是 PAW 发挥抗菌作用的重要机制之一。

4.1.5　PAW 在芽苗菜生产中的应用

芽苗菜是以粮谷类和蔬菜类种子本身所储存的营养物质为基础,经合适的温度、湿度等培养条件下浸泡一定时间然后定期淋烧,使种子萌发并生长到一定长度所获得的幼嫩芽苗,具有营养丰富、食疗保健功效、风味独特、生育周期短等优点。芽苗菜在发芽、生长、储藏、运输、销售等过程中易受微生物的污染,而芽菜类一般生食较多,易引发食源性疾病。研究证实,适当的 PAW 或冷等离子体处理不仅能降低种子表面的微生物数,而且又可以促进大豆、绿豆、番茄、萝卜、黑麦、甜椒等种子的萌发和生长(见表 4 - 1),在芽苗菜产业化生产和安全领域中具有一定的应用前景。

Zhou 等采用 APPJ 放电 30 min 制备 PAW 来生产绿豆芽,发现与对照组相比,PAW 处理的发芽率为 97.33%,萌发指数为 95.50%,PAW 处理能够显著促进绿豆芽的萌发和幼苗生长,并显著抑制了其表面微生物的数量。类似于电解水,PAW 促进种子的萌发和生长可能与其含有的 ROS 和 RNS 等物质有关。

综上所述,适当的 PAW 能够促进种子的发芽和生长,PAW 不仅可以有效杀灭种子表面的微生物,而且还可以作为一种含氮肥料应用于农业生产中。在一个简单的水培养系统中,将幼小的黄瓜植株置于小石棉塞中,用 PAW 完全取代肥料溶液中的氮,结果表明,标准肥料溶液与 PAW 溶液对新鲜植株处理后,新鲜植株重量无显著差异($P > 0.05$),因此,PAW 在农业生产领域具有潜在的应用前景。

表 4 - 1　PAW 或冷等离子体在种子萌发和生长中的应用

研究对象	激发载气	处理方式	激活时间	研究结果
绿豆	Air	PAW	30 min	PAW 对种子萌发和幼苗生长有显著的促进作用,其发芽率为 97.33%,萌发指数为95.50%,活力指数为 1146.64
西瓜、番茄、甜椒	Air	PAW	2 min	PAW 不仅提高了产品的发芽率,而且也提高了产品的生长速度和营养含量
白菜种子	Air	PAW	10 min 和 20 min	经栽培 28 d 后,对照组叶片长度为 38 mm,经等离子体激活 10 和 20 min 后,其叶片长度分别增加至 80 和 95 mm,生长速率提高了 210%~250%
小麦种子	Air	PAW	30 s	经栽培 6 d 后,与对照组相比(95%~96%),其 PADW 和 PATW 处理组种子增长率分别提高了 26% 和 103%
大麦种子	N_2-O_2	DBD	10~80 s	大麦种子下胚轴生长速率提高 15%~110%,DBD 等离子体处理不同时间对种子萌发期的功能代谢物的变化影响较小
萝卜种子	O_2,Air	APP	60 min	等离子体处理组 1 天内萌发率 91%,对照组萌发率在 72 h 后达到 60%;72 h 后的处理组茎和根的总长度增加约 160%

注:PADW 是等离子体激活去离子水 30 s 制备的等离子体活化水;PATW 是等离子体激活自来水 30 s 制备的等离子体活化水。

肉制品含有蛋白质、脂肪、维生素和矿物质等丰富的营养素,在生产、加工和储藏等过程中极易受到微生物污染,引起食品腐败变质甚至导致食物中毒事件,危害人体健康。因此,食品杀菌处理对于确保食品安全具有重要意义。随着人们生活水平逐渐提高,人们对食品的营养、安全、新鲜度和功能的要求越来越高,食品加工企业希望食品的货架期能得以延长。为了最大限度地保持食品的营养成分及色、香、味等感官品质,新型非热加工技术引起了国内外学者的广泛关注。

等离子体活化水（Plasma – activated water，PAW）是一种新型非热加工技术，已被证实具有很强的杀菌、抗生物被膜等活性，在食品加工和安全控制等领域具有广阔的应用前景。但是，PAW 在肉与肉制品领域的应用研究较少。本实验室前期研究结果表明 *P. deceptionensis* CM2 是冷鲜鸡肉于 4℃冷藏条件下的腐败菌之一，且能在短时间内导致冷鲜鸡肉腐败变质。

4.2 等离子体活化水对冷鲜鸡肉表面假单胞菌的杀菌效果

本节以冷鲜鸡肉和 *P. deceptionensis* CM2 为研究对象，以菌落数、色泽、pH、质构和感官为评价指标，对 PAW 的杀菌效果及对冷鲜鸡肉品质特性的影响进行研究，以期为 PAW 在肉与肉制品工业中的应用提供科学理论依据。

等离子体激活时间对冷鲜鸡肉表面 *P. deceptionensis* CM2 的灭活效果见图 4 – 3。由图 4 – 3 可知，在 PAW15 ~ PAW60 范围内处理 6 min 后，冷鲜鸡肉表面 *P. deceptionensis* CM2 的活菌数随放电时间的延长而显著降低（$P < 0.05$），经 SDW 处理后，冷鲜鸡肉表面的活菌数由初始的 6.94 lg（CFU/g）降低至 6.87 lg（CFU/g），活菌数量下降了 0.07 lg（CFU/g）；经 PAW60 处理后，冷鲜鸡肉表面 *P. deceptionensis* CM2 的活菌数由初始的 6.94 lg（CFU/g）降低至 6.41 lg（CFU/g），活菌数量下降了 0.54 lg（CFU/g），且 PAW90 与 PAW60 的杀菌效果无显著差异（$P > 0.05$）。因此，采用 PAW60 用于后续实验研究。

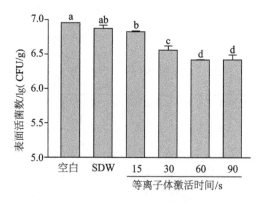

图 4 – 3 等离子体激活时间对冷鲜鸡肉表面 *P. deceptionensis* CM2 杀菌的影响

由图 4 – 4 可知，在 3 ~ 12 min 范围内，冷鲜鸡肉表面 *P. deceptionensis* CM2 的活菌数随 SDW 和 PAW60 处理时间的延长而降低。与对照组相比，SDW 和

PAW60 的处理显著降低冷鲜鸡肉表面 *P. deceptionensis* CM2 的活菌数（$P <$ 0.05）。经 SDW 处理 12 min 后，冷鲜鸡肉表面 *P. deceptionensis* CM2 的活菌数由初始的 6.86 lg（CFU/g）降低至 6.27 lg（CFU/g），活菌数量减少了 0.59 lg（CFU/g）。经 PAW60 处理 12 min 后，冷鲜鸡肉表面 *P. deceptionensis* CM2 的活菌数量下降超过 1 lg（CFU/g）。因此，PAW 处理能更好地抑制或杀灭冷鲜鸡肉表面 *P. deceptionensis* CM2 数量。

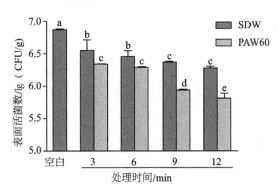

图 4 - 4　PAW60 处理对冷鲜鸡肉表面 *P. deceptionensis* CM2 杀菌的影响

4.3　等离子体活化水对冷鲜鸡肉色泽的影响

表 4 - 2 是不同处理时间下 PAW60 对冷鲜鸡肉的 L^*（亮度）、a^*（红度）和 b^*（黄度）的影响。其中 L^*（亮度）是评价肉制品的一个关键指标，L^* 值的高低影响消费者对肉制品的可接受程度，a^*（红度）代表肉制品的红绿偏向，偏向红色时 a^* 值越大，而 b^*（黄度）表示所测肉制品的黄绿偏向，偏向黄色时 b^* 值越大，其值也受 L^* 值和 a^* 值的影响。

由表 4 - 2 可知，随着 PAW60 和 SDW 处理时间的延长，与对照组相比，冷鲜鸡肉 a^* 和 b^* 值呈降低趋势。经 SDW 处理 3、6、9 和 12 min 后，与对照组相比，冷鲜鸡肉 L^* 值无显著变化（$P > 0.05$），而 a^* 值和 b^* 值显著降低（$P < 0.05$）。经 PAW60 处理 9 和 12 min 后，与对照组相比（60.46），冷鲜鸡肉 L^* 分别显著增加至 63.22 和 63.79（$P < 0.05$），而 a^* 值和 b^* 值显著降低（$P < 0.05$），但经 SDW 和 PAW60 处理相同时间后，冷鲜鸡肉 a^* 值和 b^* 值均无显著差异（$P > 0.05$），而经 9 和 12 min 处理后，冷鲜鸡肉 L^* 值显著增加（$P < 0.05$）。Yang 等研究发现，冷鲜鸡肉经浸泡清洗处理后，其样品的 L^* 值增加，a^* 值降低，本实验结果与其结果

相一致。相似地,冷鲜鸡肉经碱性和酸性电解水浸泡处理后,冷鲜鸡肉的亮度值显著增加($P<0.05$)。

表 4-2 SDW 和 PAW60 处理对冷鲜鸡肉色泽的影响

	处理时间 /min	L^*	a^*	b^*
对照组	—	60.76 ± 1.92^b	7.56 ± 1.20^a	20.37 ± 2.32^a
无菌水（SDW）	3	61.36 ± 1.78^b	6.58 ± 1.34^{ab}	16.45 ± 2.32^b
	6	62.25 ± 1.48^b	6.13 ± 1.57^{bc}	15.52 ± 2.67^b
	9	61.79 ± 1.39^b	6.06 ± 1.75^{bc}	16.32 ± 2.93^b
	12	61.16 ± 1.71^b	5.28 ± 1.00^c	14.09 ± 2.49^b
等离子体放电处理 60 s（PAW60）	3	61.98 ± 2.62^b	6.56 ± 1.48^{ab}	16.21 ± 2.67^b
	6	61.07 ± 3.24^b	6.11 ± 1.46^{bc}	16.38 ± 3.61^b
	9	63.99 ± 1.70^a	5.30 ± 1.15^c	15.18 ± 2.43^b
	12	65.15 ± 1.87^a	5.16 ± 1.55^c	16.11 ± 4.01^b

注:同一列不同字母表示差异显著($P<0.05$)。

综上所述,PAW60 处理导致冷鲜鸡肉的 L^* 值增加,a^* 值和 b^* 值降低,其原因可能是 PAW 中活性氧和活性氮的产生。此外,前期研究结果中也检测出活性氧和活性氮,这可能与 PAW 中的过氧化氢(H_2O_2)、硝酸盐(NO_3^-)和亚硝酸盐(NO_2^-)等含量有关,且 PAW 中的过氧化氢可以和肌红蛋白反应,从而导致肉色变绿。相关研究报道,PAW 可作为亚硝酸盐的替代品应用于肉与肉制品的护色中。Yong 等研究结果表明,PAW 处理火腿(猪肉里脊)的 a^* 值显著高于化学盐浸法($P<0.05$),但 L^* 值和 b^* 值无显著变化($P>0.05$)。因此,在今后的研究中,还有待进一步深入阐述 PAW 对肉与肉制品的变色机理。

4.4 等离子体活化水对冷鲜鸡肉 pH 值的影响

pH 值是一个判断肉与肉制品新鲜程度的指标,是一个预测食品稳定性的可靠因素。如表 4-3 所示,SDW 处理时间的延长(3~9 min),与对照组相比,冷鲜鸡肉 pH 值均无显著差异($P>0.05$)。经 PAW60 处理 3、6 和 9 min 后,与对照组相比,冷鲜鸡肉 pH 值均无显著性差异($P>0.05$),但经 PAW60 处理 12 min 后,样品的 pH 值与对照组相比显著降低($P<0.05$),虽然样品的 pH 值经 PAW60 处

理 9 min 到 12 min 后降低,但是下降的程度较弱(5.72～5.70)。据报道,Jung 等研究了大气压等离子体(APP)处理由猪肉、水和 NaCl(80:20:1;w/w/w)组成的肉糜,结果表明,经等离子体处理 20 min 和 30 min,肉糜的 pH 值与对照组相比显著降低($P < 0.05$),本实验结果与其结果相一致。

表 4 – 3　SDW 和 PAW60 处理对冷鲜鸡肉 pH 值的影响

处理时间 /min	SDW	PAW60
0	5.77 ±0.06[a]	5.77 ±0.06[a]
3	5.75 ±0.01[a]	5.75 ±0.04[a]
6	5.75 ±0.05[a]	5.73 ±0.06[a]
9	5.74 ±0.02[a]	5.72 ±0.05[a]
12	5.76 ±0.05[a]	5.70 ±0.02[b]

注:同一列不同字母表示差异显著($P < 0.05$)。

综上所述,经 PAW60 处理的冷鲜鸡肉 pH 值在一定范围内(3～9 min)随着处理时间的增加而无显著差异($P > 0.05$)。随着 PAW60 处理时间的继续增加,其 pH 值显著降低($P < 0.05$),而经 SDW 处理的冷鲜鸡肉的 pH 值发生波动但均无显著差异($P > 0.05$)。冷鲜鸡肉 pH 值的降低,可能是由 PAW 的酸化效应引起的,前期实验结果表明,PAW 的低 pH 值可能与 NO_3^- 和 NO_2^- 的含量相关。

4.5　等离子体活化水对冷鲜鸡肉质构的影响

质构品质是评价肉与肉制品的重要依据,是构成肉与肉制品品质的重要因素,影响质构的因素有很多,例如肉的温度、pH、含水量、盐类条件以及加工工艺和贮藏方式等。

经 PAW60 处理后的冷鲜鸡肉质构指标值如表 4 – 4 所示。由表 4 – 4 可知,随着 SDW 和 PAW60 处理时间的延长,与对照组相比,硬度和弹性均无显著变化($P > 0.05$),而内聚性和黏性显著降低($P < 0.05$)。经 SDW 处理 3、6、9 和 12 min 后,冷鲜鸡肉内聚性和黏性分别由(对照组)0.38 和(对照组)4.45 降低至0.34、0.37、0.36 和 0.30 及 3.98、3.83、3.88 和 2.88;经 PAW60 处理 3、6、9 和 12 min 后,冷鲜鸡肉内聚性和黏性分别由(对照组)0.38 和(对照组)4.45 降低至0.30、

0.31、0.33 和 0.29 及 3.40、3.31、3.71 和 2.76。由表 4−4 可知，PAW60 处理与 SDW 处理相比较，其硬度、弹性、内聚性和黏性均无显著性差异（$P > 0.05$）。综上所述，PAW 处理能最大程度地保持冷鲜鸡肉的质构特性。

表 4−4　SDW 和 PAW60 处理对冷鲜鸡肉质构特性的影响

组别	处理时间/min	硬度 /kg	弹性 /mm	内聚性 /%	黏性 /kg
对照组	—	11.57[a]	0.46[a]	0.38[a]	4.45[a]
SDW	3	10.98[a]	0.41[a]	0.34[ab]	3.98[ab]
	6	10.58[a]	0.45[a]	0.37[ab]	3.83[ab]
	9	10.98[a]	0.41[a]	0.36[ab]	3.88[ab]
	12	9.84[a]	0.42[a]	0.30[ab]	2.88[b]
PAW60	3	11.30[a]	0.42[a]	0.30[ab]	3.40[ab]
	6	10.63[a]	0.41[a]	0.31[ab]	3.31[ab]
	9	11.13[a]	0.42[a]	0.33[ab]	3.71[ab]
	12	9.82[a]	0.41[a]	0.29[b]	2.76[b]

注：同一列不同字母表示差异显著（$P < 0.05$）。

4.6　等离子体活化水对冷鲜鸡肉感官评价的影响

感官评价是一种通过视觉、嗅觉和触觉等所引起反应的科学方法，是评价食品质量最直接和最重要的指标，也是消费者评价肉与肉制品品质的主要手段。

SDW 和 PAW60 处理不同时间后冷鲜鸡肉感官指标值如表 4−5 所示。由表 4−5可知，感官评价人员对冷鲜鸡肉的参数（色泽、质地、气味、外观等）进行感官评价。经 SDW 和 PAW60 处理不同时间（3、6、9 和 12 min）后，其外观、色泽、气味、质地和整体可接受性指标得分均无显著差异（$P > 0.05$），与对照组相比，仅色泽得分无显著差异（$P > 0.05$）。经 SDW 和 PAW60 处理 12 min 后，冷鲜鸡肉外观得分值分别由（对照组）7.83 降低至 6.50 和 6.40，冷鲜鸡肉气味得分值分别由（对照组）7.67 降低至 6.60 和 6.50，冷鲜鸡肉质地得分值分别由（对照组）7.67降低至 6.30 和 6.36，冷鲜鸡肉整体可接受性得分值分别由（对照组）7.72 降低至 6.48 和 6.52。以上结果表明，经 PAW60 处理冷鲜鸡肉后，能最大程度地保持色泽、质地、气味等品质。

表 4 – 5　SDW 和 PAW60 处理对冷鲜鸡肉感观指标的影响

组别	处理时间 /min	外观	色泽	气味	质地	可接受性
对照组	—	7.83 ± 0.41^a	7.58 ± 0.80^a	7.67 ± 0.82^a	7.67 ± 0.52^a	7.72 ± 0.25^a
SDW	3	6.67 ± 1.21^b	7.15 ± 0.52^a	6.58 ± 1.11^b	6.33 ± 0.75^b	6.62 ± 0.45^b
	6	6.20 ± 0.84^b	7.20 ± 0.57^a	6.52 ± 0.67^b	6.30 ± 1.20^b	6.50 ± 0.50^b
	9	6.10 ± 0.74^b	7.00 ± 0.01^a	6.50 ± 0.50^b	6.40 ± 0.55^b	6.52 ± 0.36^b
	12	6.50 ± 1.00^b	7.10 ± 0.22^a	6.60 ± 0.55^b	6.30 ± 0.67^b	6.48 ± 0.40^b
PAW60	3	6.33 ± 0.52^b	7.33 ± 0.52^a	6.42 ± 0.66^b	6.43 ± 0.59^b	6.75 ± 0.16^b
	6	6.00 ± 0.01^b	6.88 ± 0.25^a	6.50 ± 1.00^b	6.50 ± 0.91^b	6.55 ± 0.60^b
	9	6.56 ± 0.52^b	6.80 ± 0.84^a	6.46 ± 0.68^b	6.42 ± 0.43^b	6.60 ± 0.44^b
	12	6.40 ± 0.82^b	7.06 ± 0.75^a	6.50 ± 0.71^b	6.36 ± 0.47^b	6.52 ± 0.48^b

注:同一列不同字母表示差异显著($P < 0.05$)。

4.7　本章小结

①经 PAW15 – PAW60 处理 6 min 后,与对照组相比,冷鲜鸡肉表面 *P. deceptionensis* CM2 的菌落数随放电时间的延长而显著降低($P < 0.05$),但 PAW90 与 PAW60 的杀菌效果无显著差异($P > 0.05$)。因此,采用 PAW60 用于后续实验研究。

②PAW60 处理对冷鲜鸡肉表面 *P. deceptionensis* CM2 的研究结果表明,与对照组相比较,PAW60 处理能显著降低冷鲜鸡肉表面 *P. deceptionensis* CM2 的菌落数($P < 0.05$);随着等离子体激活时间的延长,PAW 对冷鲜鸡肉表面 *P. deceptionensis* CM2 的杀菌效果显著增强($P < 0.05$)。

③经 SDW 和 PAW60 处理后的冷鲜鸡肉在质构和感官等指标无显著变化($P > 0.05$)。随着 SDW 和 PAW60 处理时间的延长,与对照组相比,a^* 和 b^* 值降低,在处理 9 和 12 min 后,经 PAW60 处理冷鲜鸡肉的 L^* 值显著降低($P < 0.05$)。经 SDW 处理过的冷鲜鸡肉 pH 值均无显著差异($P > 0.05$);PAW60 处理 3、6 和 9 min 后,冷鲜鸡肉样品的 pH 值无显著性差异($P > 0.05$),但处理 12 min 后,与对照组相比,冷鲜鸡肉的 pH 值显著降低($P < 0.05$)。

第5章 超声波处理对冷鲜鸡肉表面 *P. deceptionensis* 减菌效果的研究

超声波技术是一项新型非热杀菌技术,在食品工业领域发展迅速。超声波是指频率高于人类听觉阈值 16 kHz 的机械波,可分为低频高功率超声波(频率 16 ~ 100 kHz,强度 10 ~ 1000 W/cm^2)和高频低功率超声波(频率 100 ~ 1000 kHz,强度 < 1 W/cm^2)。高频低功率超声波是食品领域无损质量评估的重要工具,主要用于检测食品的物化性质、结构特性以及营养成分等。低频高功率超声波,也称"功率超声波",其具有微机械去污和化学抗菌的能力,且对食品品质不产生影响或产生积极影响,常被广泛用于提取、干燥、杀菌、乳化、消泡、过滤和清洗等工序。

5.1 超声波减菌技术

5.1.1 超声波减菌研究现状

由于超声波安全无毒,有助于提高微生物安全性,对食品品质影响较小,特别适用于具有热敏感性营养功能特性的食品,因此国内外学者对超声波减菌技术进行了一系列深入的研究。Kentish 和 Feng 研究发现不同微生物对超声波的耐受性不同:孢子 > 霉菌 > 酵母 > 革兰氏阳性菌 > 革兰氏阴性菌。康大成等研究不同超声波处理对牛肉中大肠杆菌、蜡样芽孢杆菌的影响,结果显示超声波功率为 20.96 W/cm^2 时作用 120 min 杀菌效果较好,杀菌率达 40%。Sams 和 Feria 将鸡腿分别置于 25℃ 或 40℃ 水中采用 47 kHz 超声波处理 15 min 或 30 min,冷藏 0、7、14 d 后研究超声波对鸡腿表面微生物的去除能力,结果表明超声波使鸡腿表面菌落总数减少了 0 ~ 0.8 lg(CFU/cm^2)。Lilllard 比较超声波和含氯溶液对肉鸡皮表面沙门氏菌的灭活作用,结果表明,20 kHz 超声波作用肉鸡皮 15 ~ 30 min 后,沙门氏菌总数减少了 1 ~ 1.5 lg(CFU/cm^2)。而含氯溶液作用的减少量小于 1.0 lg(CFU/cm^2)。Herceg 等研究不同超声波条件(20 kHz,探头尺寸

60、90 和 120 mm,时间 3、6 和 9 min ,温度 20、40 和 60℃)对食品中常见腐败菌(大肠杆菌、金黄色葡萄球菌、沙门菌、单增李斯特菌和蜡样芽孢杆菌)活性的影响,结果表明增加任何一个参数(探头尺寸、时间和温度)都提高了对五种细菌的钝化作用,其中探头尺寸与温度的协同作用效果明显。Piñon 等研究报道了气调包装(真空和有氧包装)结合超声波处理(40 kHz,9.6 W/cm^2,时间 0、30 和 50 min)冷藏冷鲜鸡肉 7 d 后,其微生物(乳酸菌、嗜冷菌、嗜温菌、大肠杆菌及沙门菌等)的变化情况,结果表明超声波处理仅对冷鲜鸡肉初始菌落数造成影响,其中经超声处理 50 min 结合真空包装的冷鲜鸡肉在整个贮藏期的各种细菌数量都较低。由此可知,单独使用超声波减菌技术不能有效地灭活微生物,因此研究人员多将超声波技术与蒸汽、压力、脉冲电场或辐照相结合,协同作用增强抗菌效果。

5.1.2　超声波减菌机制

从 1920 年人们得知超声波可以灭活微生物之后,研究人员致力于研究超声波杀菌的效果和机制。早在 1995 年 Sala 就对超声波杀菌的机理进行了推测,包括空化效应、微机械冲击效应、膨胀收缩效应、声学效应和自由基效应。超声波作用于细胞内形成空泡,从而使细胞膜变薄、破裂,并产生瞬间热量和大量自由基。在超声波的作用下液体膨胀收缩循环,形成负压和空化气泡,导致细胞膜变薄、通透性降低,而空化气泡破裂期间分解水分子产生羟基自由基,羟基自由基重组形成过氧化氢和分子氢,进而起到杀菌的作用。

5.1.3　影响超声波减菌的因素

由于超声波减菌是热效应、力学效应和空化效应综合作用的结果,因此影响超声波减菌效果的因素有很多,如超声波的时间、功率、温度以及频率等参数,微生物的种类及数量,超声波作用的媒介等。

超声波减菌技术主要应用的是低频率高强度超声波,这是由于超声频率过高不易产生空化效应。在低频率范围内,超声强度越大其能量也就越大,杀菌效果越好,其能量使整个容器中的菌液发生对流,细菌碰撞从而发生破碎。当超声频率一定时,增加超声时间或超声功率同样是增加超声对体系的能量辐射,可提高杀菌效果。张磊等研究超声波处理不同时间、不同功率以及不同水温对卤牛肉微生物活性的影响,结果发现随着处理时间的延长、处理功率的增大、处理水温的升高,卤牛肉中菌落总数下降越多。当超声处理参数固定时,不同作用对象对超声的耐性也不同。Li 等研究超声波对大肠杆菌和金黄色葡萄球菌的杀菌作用,结果发现不同微生物经同一超声波处理后的存活率不同。另外,超声作用的媒介也对杀菌效果影响很大。Kordowska – Wiater 等研究鸡翅皮在不同媒介中(水或 1% 乳酸)经相同超声波处理后革兰氏阴性菌的变化情况,结果发现鸡翅皮在 1% 乳酸溶液中革兰氏阴性菌的菌落减少量约为水溶液中减少量的 4 倍。

影响超声波减菌或杀菌的因素复杂而多样,因此仍需针对不同作用对象和不同生产需求优化合适的超声波减菌技术参数,在对食品品质影响最小的基础上,以便达到更好的减菌效果从而更好地服务于生产生活。

近年来,超声波作为一种新型非热杀菌技术已被广泛应用于食品工业领域,它能有效抑制或杀灭微生物从而延长食品的货架期。超声波减菌技术一般采用频率为 16 ~ 100 kHz 的"功率超声波",以液体为介质,产生一系列生物、物理以及化学效应导致细胞结构受到破坏而死亡。目前,对超声波减菌机理的认识尚不明确,主要有热效应、空化效应、力学效应以及自由基效应等几种观点。与传统减菌方法相比,超声波减菌不仅具有简单高效、安全环保的优点,而且还可以有效保证食品原有的品质,因此其具有很大的发展潜力。

影响超声波减菌效果的因素有很多,如超声作用的时间、频率、强度、介质以及细菌细胞的敏感性等。因此近年来学者们针对超声波减菌进行了不同方面的研究。康大成以牛肉中大肠杆菌和蜡样芽孢杆菌为对象,研究不同超声波处理(强度:2.39、6.23、11.32 和 20.96 W/cm²,时间:30、60、90 和 120 min)对两种细菌活性的影响,结果显示超声波功率为 20.96 W/cm² 时作用 120 min 杀菌效果较好,杀菌率达 40%。Herceg 等研究不同超声波条件(20 kHz,探头尺寸:60、90 和 120 mm,时间:3、6 和 9 min,温度:20、40 和 60℃)对食品中常见腐败菌(大肠杆菌、金黄色葡萄球菌、沙门菌、单增李斯特菌和蜡样芽孢杆菌)活性的影响,结果表明增加任何一个参数(探头尺寸、时间和温度)都可提高对五种细菌的钝化作用,其中探头尺寸与温度的协同作用效果明显。张娜等采用超声波处理细菌生物被膜,结果表明超声波不仅使生物被膜从食品表面脱落、甚至可以使其失去活性。上文中指出 *P. deceptionensis* 是冷鲜鸡肉 4℃ 贮藏条件下的优势腐败菌,能在短时间内使冷鲜鸡肉腐败变质。

因此,本章以冷鲜鸡肉表面 *P. deceptionensis* 为对象,采用超声波处理技术,在不同振幅、时间、介质体积等条件下对冷鲜鸡肉块进行减菌处理,优化得出最佳减菌参数,并通过进一步观察超声处理后 *P. deceptionensis* 的细胞形态结构及细胞膜通透性变化,探究超声波减菌机理。

5.2　不同超声波处理条件对冷鲜鸡肉表面细菌减菌率的影响

5.2.1　超声处理强度对减菌率的影响

超声波强度的大小用振幅来表征,超声振幅越大功率越大,相应的超声强度也就越大(超声功率 =750 W × 振幅)。在超声处理时间 5 min、间歇时间比4 ： 2、介质体积150 mL、温度10～15℃的条件下,选取40%、50%、60%、70%四个不同振幅,研究超声波强度对冷鲜鸡肉表面细菌活性的影响,结果如图5 –1 所示。

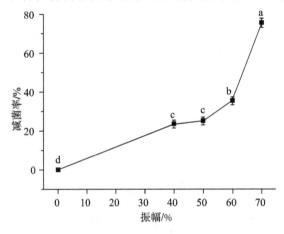

图5 –1　超声处理强度对减菌率的影响

当超声波处理的其他参数固定时,随着振幅的增大,减菌率显著上升($P <$ 0.05)。在超声振幅为40%时,减菌率只有23.5%,随着振幅的缓慢增大,减菌率变化不明显,直到振幅达到70%时,减菌率明显提高到75.4%。一方面可能是由于随着超声振幅的增大,超声波产生的微机械作用增强,介质中液体对流强度增大,导致冷鲜鸡肉表面部分细菌被驱散冲洗下来;另一方面,随着超声强度增大,细胞内外液体收缩膨胀程度加强,速度加快,形成大量空化泡,空化泡在声波的压缩相内增大破裂,从而使细菌死亡。由此可知,超声强度对减菌效果影响显著,因此本节将超声处理振幅定为70%,此时减菌效果最好。

5.2.2　超声处理时间对减菌率的影响

由图5 –2 可知,当超声处理其他参数固定时(固定参数:超声振幅70%、间歇时间比4 ： 2、介质体积150 mL、温度10～15℃),随着超声处理时间的增加,减菌率显著增加（$P<0.05$）。当超声处理 0 ~ 5 min 时，减菌率上升至 75.4%，在此期间超声波不断提供能量使空化效应连续发生，对细菌结构不断破坏。随着超声处理时间延长，大部分细菌被杀死，超声空化作用于细菌的效率降低，导致减菌率随后增加缓慢。但考虑到超声波具有热效应，处理过程中产生的瞬时高温不断积累，使介质温度不断升高，可能影响冷鲜鸡肉品质，因此本研究选择超声处理时间为 5 min。

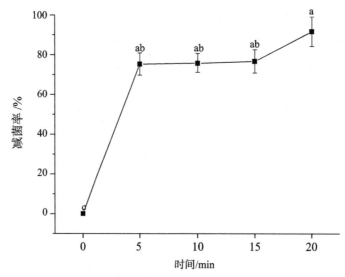

图 5 - 2　超声处理时间对减菌率的影响

5.2.3　超声处理间歇时间比对减菌率的影响

由图 5 - 3 可知，当超声处理其他参数固定时（固定参数：超声振幅 70%、超声时间 5 min、介质体积 150 mL、温度 10 ~ 15℃），随着脉冲时间 on 的增加，减菌率呈现先升高后下降的趋势。减菌率在 on：off 为 2 ∶ 2 时最小为 42.1%，在 4 ∶ 2 时减菌率最大为 75.4%，之后再延长脉冲时间 on，减菌率呈缓慢下降趋势。这是因为脉冲时间 on 和间隔时间 off 循环能够调节空化作用。当脉冲时间 on 小于空化循环时间时，空化形成的气泡不能完成从形成到成长再到崩溃的全过程，从而达不到杀菌的效果。当脉冲时间 on 大于空化循环时间时，间隔时间 off 起到调节空化效应的效果，进而影响最终杀菌效果。因此，本研究确定选择超声处理间歇时间比 on：off 为 4 ∶ 2。

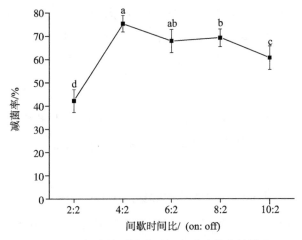

图 5-3　超声处理间歇时间比对减菌率的影响

5.2.4　超声处理介质体积对减菌率的影响

由图 5-4 可知,当超声振幅为 70%、温度设定 10～15℃、间歇比 4 ∶ 2、处理时间为 5 min 时,随着介质体积的增加,减菌率呈缓慢下降趋势。介质体积在 100 mL 和 150 mL 时,减菌率分别为 75.8% 和 75.4% 差别不显著($P > 0.05$)。当介质体积增至 200 mL 和 250 mL 时,介质体积每增加 50 mL 减菌率下降 1%。这可能是因为:一方面超声波在传播的过程中发生衰减,导致其破坏细菌能力下降;另一方面可能和超声波的声学效应有关,若细菌正好聚集在超声波在传播驻点处,便不会受到影响而存活,从而导致杀菌效果减弱。整体来看,介质体积对减菌率的影响较小。综合考虑确定介质体积为 150 mL。

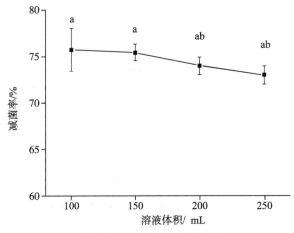

图 5-4　超声处理介质体积对减菌率的影响

基于上述单因素试验结果,综合减菌率、屠宰车间实际情况及经济成本考虑,最终确定超声波处理冷鲜鸡肉表面减菌的最佳参数为:振幅 70%、时间 5 min、间歇比 4 ∶ 2、样品体积 150 mL、温度 10 ~ 15℃。

5.3　超声处理对污染 *P. deceptionensis* 的冷鲜鸡肉表面细菌的影响

5.3.1　超声处理冷鲜鸡肉表面细菌的减菌率

由表 5 – 1 可知,在最佳减菌条件下冷鲜鸡肉及介质中细菌和 *P. deceptionensis* 菌落总数均不同程度地下降。对于菌落总数而言,冷鲜鸡肉表面减菌率为 73.2%,介质中为 62.7%。这说明超声波处理,使冷鲜鸡肉表面的一部分细菌死亡,另一部分被冲洗到介质中。冲洗到介质中这部分细菌较为分散,导致超声波作用于介质时减菌率略低。而冷鲜鸡肉表面 *P. deceptionensis* 减菌率为 55.55%,介质中 *P. deceptionensis* 减菌率为 60.0%。这一方面可能是由于 *P. deceptionensis* 污染冷鲜鸡肉后,附着在冷鲜鸡肉表面形成细菌被膜,与细菌紧密结合,相对介质中细菌而言,受微机械超声波冲击较弱,另一方面原因可能是冷鲜鸡肉表面的蛋白质及肌纤维等结构对 *P. deceptionensis* 起到了一定的保护作用。

表 5 –1　超声处理冷鲜鸡肉表面及介质中细菌和 *P. deceptionensis* 的减菌率

减菌率/%	冷鲜鸡肉表面	介质中
菌落总数	73.2 ± 1.52[a]	62.7 ± 0.20[a]
P. deceptionensis 菌数	55.5 ± 0.32[b]	60.0 ± 0.55[b]

5.3.2　超声处理前后细菌的生长曲线

图 5 –5 表示超声处理前后冷鲜鸡肉及介质中细菌生长曲线。从图中可以看出,经超声波处理后细菌基本还能保持稳定的生长,其生长阶段大致可分调整期、适应期、对数期和稳定期。对比超声波处理前后冷鲜鸡肉表面及介质中细菌生长曲线可知,未经超声处理的对照组,冷鲜鸡肉表面细菌调整期为 0 ~ 6 h,介质中细菌调整期为 0 ~ 5 h,经超声处理后冷鲜鸡肉表面细菌生长调整期为 0 ~ 10 h,介质中细菌调整期为 0 ~ 7 h。因此,超声波处理主要影响细菌调整期时间的长短。这可能是由于超声波处理使大部分细菌结构受损或直接死亡,其生长

繁殖速率下降,调整期延长 2 ~ 4 h。

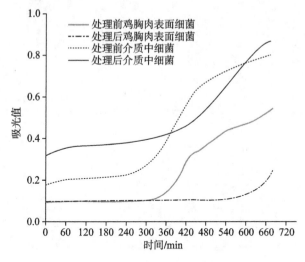

图 5 - 5　超声处理前后细菌生长曲线

5.3.3　超声处理前后细菌的形态结构

　　对比超声处理前后 *P. deceptionensis* 扫描电镜结果可以看出,超声波处理对 *P. deceptionensis* 有一定的破坏作用。由图 5 - 6 中(a)和(b)两图可知,(a)图中,超声波处理前冷鲜鸡肉表面 *P. deceptionensis* 细胞膜结构完整、边缘清晰,细胞表面光滑。此时 *P. deceptionensis* 细胞由肌纤维、肌膜等包裹缠绕,起保护作用,增加其对超声波的耐受程度。(b)图中,超声波处理后 *P. deceptionensis* 细菌细胞膜结构不完整,出现破损和空洞。此时成簇从冷鲜鸡肉表面剥离脱落,这可能是由于超声波的微机械作用,使介质产生冲力。对比(c)和(d)两图,(c)图中,*P. deceptionensis* 菌悬液经超声波处理前,细胞呈短杆状、细胞膜边缘清晰、细胞表面光滑、无损伤。(d)图中,经超声处理后 *P. deceptionensis* 细胞膜破损严重,形成细胞膜碎片和空洞。由此可知,虽然冷鲜鸡肉会对附着在表面的 *P. deceptionensis* 起保护作用,增强其对超声波的耐受程度。但是超声波依然能使冷鲜鸡肉表面的 *P. deceptionensis* 脱落,破坏其细胞膜,使细胞出现空洞、破损,形成细胞碎片。

　　图 5 - 7 表示 *P. deceptionensis* 纯培养体系菌悬液经超声处理前后细胞形态结构。对比(a)和(b)两图可以看出,超声波处理前 *P. deceptionensis* 细胞结构完整,细胞质分布均匀,细胞膜完整、边缘清晰、光滑。超声波处理后 *P. deceptionensis* 细胞

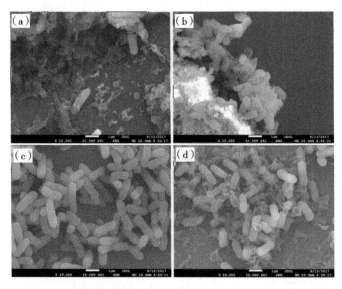

图 5 - 6　扫描电镜观察超声处理前后 *P. deceptionensis* 细胞的形态结构
(a):超声处理前冷鲜鸡肉表面;(b):超声处理后冷鲜鸡肉表面
(c):超声处理前纯培养体系;(d):超声处理后纯培养体系

形态结构发生明显变化,细胞质皱缩、细胞拟核结构分散,细胞膜受到破损,边缘模糊、不规则、出现小孔,细胞内部出现空洞,胞内物质溶出,有细胞膜碎片产生。由此可知,超声波处理对 *P. deceptionensis* 细胞形态结构产生明显损伤,导致其细胞膜破裂,细胞内部结构发生不可逆变化,最终导致细胞死亡。Li 等研究超声波处理 *Escherichia coli* 和 *Staphylococcus aureus* 微观结构时也观察到相同结果。

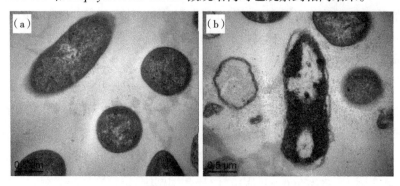

图 5 - 7　透射电镜观察超声处理前后 *P. deceptionensis* 细胞形态结构
(a):超声处理前;(b):超声处理后

综合图 5 - 6 和图 5 - 7 观察超声处理前后 *P. deceptionensis* 微观结构可知,超声处理能使 *P. deceptionensis* 部分从冷鲜鸡肉表面脱落,破坏 *P. deceptionensis*

细胞形态结构,使其细胞质皱缩,细胞内部出现空洞,细胞膜受损,出现小孔甚至破裂,最终导致细胞死亡。

5.3.4　超声处理前后 *P. deceptionensis* 细胞膜的通透性

由表 5 - 2 可以看出,经超声处理后 *P. deceptionensis* 胞外核酸和蛋白质含量明显升高($P < 0.05$)。超声处理前, *P. deceptionensis* 细胞正常代谢过程中会有少量核酸和蛋白质产生。经超声处理后, *P. deceptionensis* 细胞胞外核酸从正常代谢值 2.08 μg/mL 上升至 9.08 μg/mL,胞外蛋白也从 0.80 μg/mL 迅速升高至89.06 μg/mL。可以看出,超声处理后 *P. deceptionensis* 细胞代谢不正常,导致胞外核酸和蛋白含量大幅度升高。这可能是由于超声处理一方面使细胞内物质发生分散,更容易透过细胞膜,另一方面改变了细胞膜的通透性或是破坏了细胞膜的结构使细胞膜受损破裂,胞内物质直接溶出。因此可以判断超声处理后 *P. deceptionensis* 细胞膜的通透性发生变化。这与 Połka 等证实的细菌胞外核酸和蛋白质的释放与细胞膜的通透性、完整性有直接关系的观点相符合。

表 5 - 2　超声处理前后 *P. deceptionensis* 胞外核酸和蛋白质　　单位:μg/mL

	胞外核酸	胞外蛋白质
超声处理前	2.08 ± 0.38[b]	0.80 ± 0.01[b]
超声处理后	9.08 ± 0.96[a]	89.06 ± 0.01[a]

5.4　本章小结

通过优化超声波处理条件,得到最佳超声波减菌参数:振幅为 70% 、时间为5 min、间歇时间比为 4 ∶ 2、样品体积为 150 mL、温度为 10 ~ 15℃。之后研究超声波对冷鲜鸡肉表面 *P. deceptionensis* 减菌效果的影响,结果表明,超声波处理能使冷鲜鸡肉表面菌落总数减菌率达到 73.2% 、 *P. deceptionensis* 减菌率达到55.5% ,同时介质中菌落总数和 *P. deceptionensis* 减菌率分别为 62.7% 和 60.0% 。超声波处理使细菌生长繁殖受到影响,细菌的调整期明显延长了 2 ~ 4 h,进一步探究超声波减菌机理,原因推测如下:一方面超声波能使 *P. deceptionensis* 部分从冷鲜鸡肉表面脱落,另一方面超声波使 *P. deceptionensis* 细胞形态结构及细胞膜通透性发生变化,从而达到减菌的目的。

第6章 超高压在冷却猪肉微生物控制中的应用

冷却猪肉是肉猪经严格检疫和工业化屠宰后胴体在 24 h 内降为 0~4℃,经排酸处理并且在分割、剔骨、分切、称量、包装、贮存、流通和销售过程中始终保持 0~7℃ 的生鲜肉。冷却猪肉以完善的冷链系统为基础,良好的操作规范为保障,肉质鲜嫩、营养、卫生、安全,是目前国内外生肉消费发展的主流。但是,冷却猪肉加工、贮存、运输和销售等各个环节都不可避免地受到微生物的污染,特别是在冷链不完善或中断条件下将因腐败微生物的生长和繁殖而失去食用价值和商品价值。此外,一些病源性微生物也常引起食源性疾病,甚至引发食物中毒,严重威胁人类的生命和安全。目前,全球范围内食品安全性问题日益突出,消费者需求营养、安全、天然的食品的呼声越来越高。食品超高压技术(ultra - high pressure processing, UHP)是当前备受各国关注并深入研究的一项食品高新技术,被称为“食品工业的一场革命”“当今世界十大尖端科技”。超高压处理能有效杀死食品中的微生物、钝化酶的活性,而对食品的风味、色泽以及维生素等无显著破坏作用。本文在前期工作基础上研究了室温下 100~400 MPa 范围内保压 5 min 的处理条件下冷却猪肉中菌落总数的变化情况,为科学预测冷却猪肉的货架期、提高其安全性以及科学开发冷却猪肉腐败微生物控制技术提供依据。

6.1 实验处理条件

压力处理:将已真空包装好的肉样置于超高压设备的高压腔内,于室温下分别用 100、200、300 和 400 MPa 压力处理,保压时间为 5 min,压力波动范围≤5%。压力处理后取出肉样放 4℃ 冰箱内保存,每隔 2 d 测定细菌总数。每个处理 3 个重复,结果取平均值,另设对照组测定细菌总数。按照国标 GB 4789.2—2016 方法进行腐败微生物菌相分析,采用选择性培养基对预分离的菌相进行选择性培养。在贮藏时间为 3、5、10 d 时测定各菌相的菌落总数。所用培养基和相应的培养条件见表 6 - 1。

表 6 - 1　不同微生物菌相的培养条件

菌相	选择性培养基	培养条件
细菌总数	平板计数琼脂	37℃/48 h
乳酸细菌	MRS(DeMan, Rogosa, Sharpe)琼脂	30℃/48 h
假单胞菌属	假单胞菌琼脂	30℃/48 h
肠杆菌科	葡萄糖胆盐琼脂	37℃/48 h
肠球菌	迭氮七叶苷琼脂	37℃/48 h
葡萄球菌/微球菌	细菌甘露醇盐琼脂	30℃/48 h
霉菌	虎红琼脂	25℃/5 d
酵母	麦芽汁琼脂	25℃/5 d

6.2　不同压力处理下各贮藏期内样品菌落总数的变化

在超高压处理后,贮藏期为 0 d 时,300 MPa 和 400 MPa 压力处理的样品的菌落总数未检出。当样品低温冷藏 6 d 时,200 MPa 处理样品的菌落总数比对照样品菌落总数减少了 1 个对数单位;400 MPa 处理样品的菌落总数比对照样品减少了 2 个对数单位。由图 6 - 1 可见,随着处理压力的逐渐升高,菌落总数逐渐减少,数据经 SAS(Statistical Analysis System)的 ANOVA 过程分析表明,300 MPa 和 400 MPa 的压力处理能够显著降低对照样品中的初始菌落总数($P < 0.05$)。说明超高压处理对冷却猪肉中的腐败微生物具有一定的杀灭或抑制作用,在较低的压力处理范围效果不太理想,当压力达到 300 MPa 以上时,可获得较好的杀菌或抑菌效果,并能提高冷却猪肉的微生物安全性。

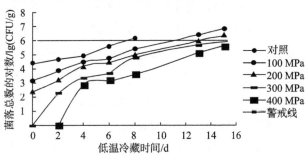

图 6 - 1　超高压处理对菌落总数的影响

令 X 表示低温贮藏时间（d），Y 表示菌落总数〔lg(CFU/g)〕，对图 1-1 曲线进行回归分析可得出回归方程（R^2 为相关系数）：

对照：$Y_0 = -0.0014X_0^4 + 0.0216X_0^3 - 0.0874X_0^2 + 0.2242X_0 + 4.4314$
$R^2 = 1.0000$

100 MPa：$Y_1 = -7E - 0.5X_1^4 + 0.0026X_1^3 - 0.0335X_1^2 + 0.4001X_1 + 3.1821$
$R^2 = 0.9967$

200 MPa：$Y_2 = -6E - 0.5X_2^4 + 0.0027X_2^3 - 0.0452X_2^2 + 0.5354X_2 + 2.4342$
$R^2 = 0.9959$

300 MPa：$Y_3 = -0.0004X_3^4 + 0.016X_3^3 - 0.2088X_3^2 + 1.4304X_3 + 0.0440$
$R^2 = 0.9914$

400 MPa：$Y_4 = -0.0017X_4^4 + 0.0665X_4^3 - 0.8871X_4^2 + 5.0391X_4 - 7.0037$
$R^2 = 0.9900$

令菌落总数达到 10^6 CFU/g 为警戒，可计算出各处理样品的安全货架期。当菌落总数超过 10^6 CFU/g 时，对照样品货架期为 7 d；而经 100、200、300、400 MPa 压力处理样品的货架期分别为 11、13、15、17 d。随着处理压力的不断增加，冷却猪肉货架期也相应延长，当处理压力达到 300 MPa 时，冷却猪肉的货架期可延长 1 周。

6.3 超高压处理对腐败微生物菌相的影响

样品经超高压处理后立即（即贮藏 0 d）测定菌落总数，营养琼脂培养基上几乎没有菌落生长，这可能是因为样品中的微生物在超高压处理后，机体受到不同程度的破坏，还没有自我修复好，还不能利用培养基中的营养成分进行生长和繁殖。贮藏时间为 3、5、7 d 时测定菌落总数，发现菌落总数逐渐开始上升。当贮藏时间为一周时，没有被超高压致死的那部分腐败微生物恢复了生长和繁殖，并最终导致样品腐败变质。采用选择性培养对冷却猪肉中的主要菌相进行分析，由表 6-2 可见，未经超高压处理的对照样品的菌相构成以假单胞菌和乳酸菌为优势菌，肠杆菌、葡萄球菌、微球菌占少部分比例。经超高压处理后，各菌相的菌落总数均随压力升高而下降，当压力超过 300 MPa 时，残存的微生物中乳酸菌数量高于假单胞菌，而肠杆菌、葡萄球菌、微球菌未检出。贮藏时间为 5 d 和 10 d 的样品的菌相变化趋势与 7 d 的相似。结果表明，假单胞菌、肠杆菌、葡萄球菌、微球菌对压力处理较为敏感,采用合适的压力和时间处理能够降低其在冷却猪肉中的初始菌数。比较而言,乳酸菌对超高压处理具有一定的耐受性,400 MPa 处理后仍有一部分残存下来,可能是芽孢杆菌属的某些细菌对压力具有一定的抗性,结果需进一步分离鉴定。对高压处理条件下残存微生物进行分离和鉴定,分析其来源,结合冷却猪肉分割过程 HACCP 体系的监控,明确超高压处理是控制原料肉初始菌数的有效措施。

表 6 - 2　低温贮藏 7 d 菌相构成情况　　　　　　单位:CFU/g

压力	乳酸菌	假单胞菌	肠杆菌	葡萄球菌、微球菌	霉菌	酵母
对照	4.3×10^4	8.7×10^4	2.5×10^3	1.4×10^2	< 10	< 10
100 MPa	1.1×10^4	2.2×10^4	7.1×10^2	< 10	< 10	< 10
200 MPa	8.5×10^3	1.9×10^4	2.1×10^2	< 10	< 10	< 10
300 MPa	4.3×10^3	1.7×10^2	< 10	< 10	< 10	< 10
400 MPa	90	40	< 10	< 10	< 10	< 10

超高压处理耗能低、效率高、无污染、操作安全。冷却猪肉经超高压处理后,感官、理化和微生物指标均会发生相应变化,在进行压力参数(如压力大小、保压时间和升压方式等)的优化时,需同时考虑处理压力的杀菌效果和感官品质的变化,确保冷却猪肉中微生物安全性的同时使冷却猪肉的感官品质为消费者所接受。

6.4　本章小结

冷却猪肉采用超高压处理可有效降低其初始菌数,随着处理压力的升高,菌落总数下降;当处理压力达到 300 MPa 时,冷却猪肉的货架期可延长一周。超高压处理可延长冷却猪肉的货架期,提高其生物安全性。原料肉的初始菌相以假单胞菌和乳酸菌为主,而肠杆菌、葡萄球菌、微球菌少量。压力处理后菌相构成发生变化,以乳酸菌为主。乳酸菌对压力处理具有一定的耐受性,假单胞菌、肠杆菌、葡萄球菌、微球菌对压力处理较为敏感。

第7章 电子束辐照在冷却猪肉保鲜中的应用

肉类食品富含蛋白质、脂肪、氨基酸、维生素等多种营养成分,是人类营养膳食的必需品。在给人类提供营养的同时,也是微生物的天然培养基。因此,在生产和加工过程中极易受到污染。除了常见的致病菌如沙门菌、大肠杆菌、金黄色葡萄球菌外,动物体肠道菌及空气中的微生物也可导致肉的腐败。与传统的热杀菌、添加化学防腐剂、腌制等防腐技术相比,辐照技术耗能少、清洁、环保、成本低,可以在不打开包装的情况下进行杀菌,并且能够消除在肉制品生产和加工过程中的交叉感染。辐照杀菌效果显著,杀菌谱广,食品经过辐照后至少可以使99.9%常见的以食物为载体的致病菌失去活性,其数量已不足以对人体构成危害。美国很多医院对免疫缺陷病人的食物进行辐照处理,另外,被处理的食品温度变化小,10 kGy的吸收剂量引起的温度升高只有2.78℃。1997年联合国粮食及农业组织(FAO)、国际原子能机构(IAEA)和世界卫生组织(WHO)联合组成的专家委员会在对辐照食品安全性和有效性进行全面调查后得出结论:辐射总平均剂量小于10 kGy的任何食品,不需做毒理学试验,无特殊营养损失和微生物危害,可见,辐照是一种理想的冷杀菌技术。

在适当的剂量下,经过辐照后的冷却猪肉的理化性质和感官指标几乎没有变化。影响肉类辐照杀菌的因素很多,除了剂量外,还有束流能量、辐照时间、肉的种类等。本研究在单因素实验的基础上,采用响应曲面法对影响辐照杀菌的显著因子——辐照剂量、束流能量进一步探索,建立辐照对冷却猪肉杀菌效果的数学模型,并就电子束辐照对冷却猪肉的保鲜效果进行评价,为电子束辐照技术在肉类工业中的应用提供理论基础和技术支持。

7.1 电子束辐照对冷却猪肉杀菌效果的研究

7.1.1 实验方法

(1) 辐照处理

试验设计采用响应曲面法中 Central Composite 模式。束流能量、辐照吸收剂量为试验因子,分别以 X_1、X_2 表示,根据辐照食品卫生管理办法和单因素实验结果(最低有效吸收剂量为 1.5 kGy,最高耐受辐照吸收剂量为 4.0 kGy),束流能量为 1.8 ~ 3.8 MeV,辐照吸收剂量范围为 1.5 ~ 4.0 kGy。根据星号臂长 L = 1. 414,变化间距 △1 = (3.8 - 2.8)/1.414 = 0.707,△2 = (4.0 - 2.75)/1.414 = 0. 88。束流能量的编码值:ZX_1 = (X_1 - 2.8)/△1,辐照剂量的编码值:ZX_2 = (X_2 - 2.75)/△2。将真空包装好的肉块置于辐照设备狭缝处,距辐照源 500 mm,调整设备电压、电流和时间,按照实验设计条件进行辐照处理,每个处理重复 16 次。样品辐照后,置于(4 ± 1)℃条件贮藏。

(2)菌落总数测定

按照《食品安全国家标准　食品微生物学检验　菌落总数测定》(GB 4789. 2—2016)进行。

(3)电子束辐照对冷却肉货架期的影响

样品经辐照后贮藏 3 d,测定样品经辐照后的初始菌落总数。取菌落总数最小的 3 组样品,每组中各取 8 个样品再分成 2 组,分别置于(4 ± 1)℃ 和 7 ~ 10℃ 条件下贮藏,不同贮藏期内取样,测定样品菌落总数。

在低温贮藏期为 3 d 时,对辐照处理样品进行菌落总数测定,结果见表 7 - 1。

表 7 - 1　电子束辐照对冷冻猪肉菌落总数的影响

试验序号	束流能量, X_1/ MeV	辐照剂量, X_2/ kGy	菌落总数的对数, Y/lg/(CFU/g)	试验结果预测值 /lg(CFU/g)
1	1	- 1	4.00	4.02
2	1	1	3.20	3.22
3	0	- 1.414	4.30	4.26
4	- 1.414	0	3.80	3.76
5	0	1.414	3.10	3.08
6	1.414	0	3.90	3.66
7	0	0	3.75	3.78
8	0	0	3.74	3.78
9	- 1	- 1	3.90	3.94
10	0	0	3.75	3.78
11	0	0	3.75	3.78
12	- 1	1	3.75	3.80
13	0	0	3.90	3.78
对照	—	—	5.60	—

注:"—"表示未经辐照处理。

7.1.2 数学模型的建立

利用 Design Expert 7.1.4 软件对表 7 – 1 实验数据进行回归分析,得到模型的二元二次回归方程为:$Y = 3.78 - 0.24X_1 - 0.13X_2 - 0.16X_1X_2 - 0.18X_1^2 + 0.15X_2^2$ ($R^2 = 0.9755$)式中,Y 为辐照后冷却猪肉的菌落总数,X_1 为束流能量,X_2 为辐照吸收剂量。对模型进行方差分析,结果见表 7 – 2。

表 7 – 2　响应面二次回归模型的方差分析

差异源	离差平方和	自由度 df	均方值	F 值	P 值
模型	1.13	5	0.23	55.83	<0.0001
X_1	0.47	1	0.47	116.09	<0.0001
X_2	0.13	1	0.13	31.82	0.0008
X_1X_2	0.11	1	0.11	26.07	0.0014
X_1^2	0.22	1	0.22	55.39	0.0001
X_2^2	0.15	1	0.15	36.28	0.0005
残差误差	0.028	7	4.052E – 003	—	—
失拟误差	9.685E – 003	3	3.228E – 003	0.69	0.6034
纯误差	0.019	4	4.670E – 003	—	—
合计	1.16	12	—	—	—

由方差分析可知:$F_{模型} = 55.83 > [F_{0.01}(5,4) = 15.52]$,模型的显著性检验 $P < 0.0001$,表明模型极显著;$F_{失拟} = 0.69 < [F_{0.05}(5,3) = 28.24]$,模型的失拟性检验 $P = 0.6034 > 0.05$,模型失拟性不显著,该模型能准确地模拟电子束辐照的杀菌效果。一次项 X_1($P < 0.0001$)、X_2($P = 0.0008$),极显著;交互项 X_1X_2($P = 0.0014$),显著;二次项 X_1^2($P = 0.0001$)、X_2^2($P = 0.0005$),极显著,表明束流能量、辐照吸收剂量及其交互作用对杀菌效果的影响显著,显著性次序为:辐照吸收剂量 > 交互作用 > 束流能量。采用 SPSS 10.0 统计分析软件对试验值与预测值之间进行配对的 T 检验,结果为:t 值为 1.157,双边检验 $sig = 0.273 > 0.05$,表明两组数据之间在统计水平上不存在显著性差异,回归方程可以准确地描述试验结果。

7.1.3 模型的响应曲面分析

由图 7 – 1 和图 7 – 2 可见,随着辐照吸收剂量与束流能量的逐渐增大,杀菌效果越来越明显;但束流能量不变,仅增加辐照吸收剂量,菌落总数下降不显著,同样,若只增加束流能量,杀菌效果也不明显,只有两者同时增加才能获得很好的杀菌效果,可见,两者之间存在协同增效作用。从图 7 – 2 中可以看出,辐照吸收剂量起最主要作用。在等高线 3.6 包括的扇形区域,初始菌数下降 2 个对数

单位,此时的辐照吸收剂量范围为 3.2 ~ 4.0 kGy,束流能量范围为 2.3 ~
3.8 MeV。

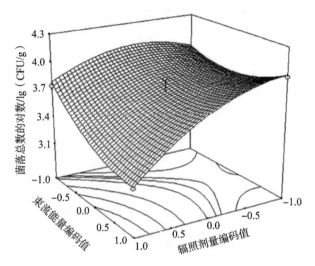

图 7 - 1　电子束辐照对冷却猪肉杀菌效果模型的响应曲面

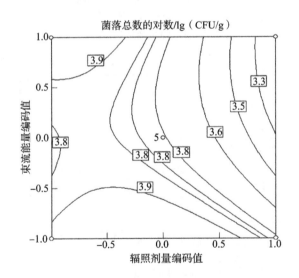

图 7 - 2　电子束辐照对冷却猪肉杀菌效果模型的等高线

　　在图 7 - 3 中,束流能量一定时,随着辐照吸收剂量逐渐增大,菌落总数逐渐
下降;当辐照吸收剂量大于 2.75 kGy 时,再增加辐照吸收剂量,A、B、C 曲线斜率
变大,表明杀菌效果更加显著。图 7 - 4 表明,当辐照吸收剂量一定时,随着束流
能量的增大,杀菌效果越来越不明显;但随着辐照吸收剂量增大(曲线 A < B <

C),束流能量对杀菌效果的影响越显著。综合分析可知,两者之间存在交互作用,并且交互作用的影响也很显著。当辐照吸收剂量大于 2.75 kGy 时,随着吸收剂量的增加,杀菌效果越明显,当束流能量大于 2.8 MeV 时,随着束流能量的增加,杀菌效果变化不显著。

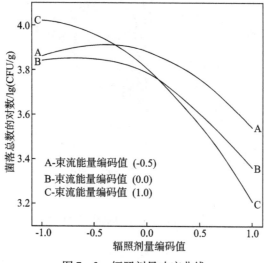

图 7-3　辐照剂量响应曲线

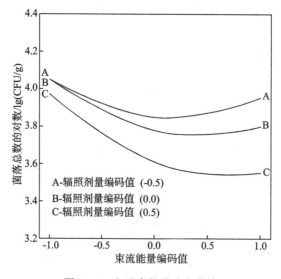

图 7-4　电子束能量响应曲线

7.2　电子束辐照对冷却猪肉货架期的影响

图7-5和图7-6中的曲线A、B、C均表示实验的3个组别。样品经辐照后贮藏时间为3 d时,测得的样品菌落总数见表7-1。取菌落总数最小的三组样品,每组中各取8个样品再分成两组,分别置于(4 ± 1)℃和$(7 \sim 10)$℃条件下贮藏,不同贮藏期内取样,测定菌落总数。图7-5和图7-6中CK组表示冷却肉未经处理;A、B、C组分别代表冷却肉经表7-1中第2、5、8组进行电子束辐照处理。令X表示低温贮藏时间(d),Y表示菌落总数〔lg (CFU/g)〕。令菌落总数达到10^6 CFU/g为警戒并作为冷却猪肉腐败变质的标志,可计算出各处理样品的安全货架期。在4℃条件下贮藏,当菌落总数达到10^6 CFU/g时,对照样品货架期为6 d,而经不同吸收剂量和束流能量辐照的处理样品货架期为18 d左右;同样,在$7 \sim 10$ ℃条件下贮藏,对照样品货架期为3 d,辐照处理样品货架期为12 d左右。与对照样品比较,经辐照样品的货架期都有明显延长,表明电子束辐照可延长冷却猪肉的货架期。

在分析电子束辐照对冷却猪肉货架期的影响时发现,样品经辐照后立即测定菌落总数,结果为未检出。但这并不表示样品经辐照后达到彻底的灭菌效果,或者说样品已处于无菌状态。因为样品经辐照处理后,残存的微生物在杀菌过程中或低剂量的辐照处理条件下会受到一定程度的破坏或抑制,但没有达到致死作用,在新的贮藏环境条件下,这些微生物不断进行自我调整,受损的机体不断进行自我修复和恢复以适应新的环境,不断利用肉中的各种营养物质,进行自我生长和繁殖。因此,在贮藏实验中以贮藏时间为3 d时测定的菌落总数作为样品经辐照后的初始菌落总数为宜,在此基础上评价不同样品的货架期。

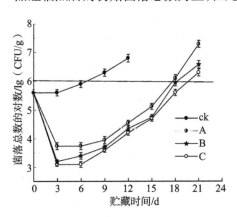

图7-5　4℃贮存时菌落总数的变化情况

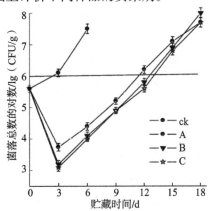

图7-6　7~10℃贮存时菌落总数的变化情况

在研究电子束辐照对冷却猪肉货架期的影响的实验中,贮藏条件分别设为4℃和7~10℃,实验结果为在两种贮藏条件下,经电子束辐照的冷却猪肉的货架期均比对照样品延长 10 d 左右。表明:将电子束辐照技术应用于冷却猪肉的生产时,在生产及销售环节的冷链温度提高 3~5℃的情况下,仍具有较安全的货架期;即使在冷链中断的条件下,经电子束辐照处理的样品也比对照样品的货架期更长。该研究为电子束辐照技术的推广、在线辐照设备的研制组合工艺技术参数的优化、电子束辐照杀菌(冷加工)技术在食品产业化加工的应用奠定基础,能够实现保持产品天然品质、保证货架期和降低成本的目标。

7.3 电子束辐照冷却猪肉杀菌工艺优化

冷却猪肉在屠宰、分割、配送和销售各个环节都不可避免地受微生物的污染。目前,冷却猪肉的生产主要以良好的操作规范和完善的冷链为保障,传统的高温高压或巴氏杀菌等杀菌技术因影响产品组织性状而难于应用。电子束辐照是一种冷杀菌技术,可以达到杀灭各种致病性微生物和人畜共患的寄生虫,减少食源性疾病,达到保鲜、延长保质期、减少营养损失等效果。Tarte 等研究了电子束辐照对碎肉中李斯特菌的灭活效应,结果表明剂量在 0.424~0.447 kGy 时,对李斯特菌有很好的杀灭效果。Chun H H. 等研究了 UV－C 辐照对冷鲜鸡肉中食源性致病菌的杀灭效果,结果表明,随着 UV－C 辐照剂量的增加,其食源性致病菌数量显著下降($P<0.05$),从而达到延长保质期的目的。可见,采用电子束辐照技术处理冷却猪肉,可获得理想的杀菌效果。

一些研究表明,电子束的能量超过一定值时,对冷却猪肉的感官品质有一定的影响。Luchsinger 等采用 0~3.85 kGy 剂量的电子束辐照剔骨猪肉,可以有效杀灭肉中的大肠杆菌和沙门菌,但较长时间存放会影响产品色泽。J. Zhu 等用电子束辐照结合变温贮藏(辐照后连续 3 d 每天置室温下 1 h,其余时间都置于4℃条件下贮藏)处理真空包装的猪里脊切片,束流能量为 12 MeV,剂量为2.5 kGy,可贮藏 42 d,但辐照后肉的红度值上升。Zhao P. 采用 1 kGy 低剂量电子束辐照小包装新鲜猪肉,包装条件分为真空、72% CO_2、50% CO_2、25% CO_2、空气,辐照后 2~4℃下贮藏 14 d,结果发现,随着包装袋内 O_2 的增加,新鲜猪肉颜色逐渐变深,其风味、品质均无明显变化。Lewis 等用电子束辐照脱骨去皮冷鲜鸡肉,束流能量为 10 MeV,剂量为 1.0、1.8 kGy,在 0℃条件下分别贮藏0、14、28 d,结果表明,贮藏 28 d 后,辐照样品的质构、风味和总体可接受性均下降,且随着贮藏时间延长和辐照剂量的升高,脂质氧化程度增加。一些研究指出采用在原料肉中加入抗氧化剂的方法可减缓辐照造成的脂肪氧化。马丽珍等研究了真空包装冷却猪肉低剂量辐照后的理化指标和感官特性变化,结果表明,保鲜液处理可以在一定程度上提高辐照效果,冷却猪肉经过保鲜液处理、真空包装、2 kGy 剂量辐照、冷藏的共同处理,可以最大程度地延长冷却猪肉的货架期。孙志明等研究了 γ 射线辐照红曲的灭菌效果以及对主要成分的影响,结果表明,辐照可有效杀灭红曲中的杂菌和霉菌,随着辐照剂量的增加,红曲中的含菌量同步下降,经辐照灭菌后的红曲具有较好的耐贮藏性,可有效地提高保质期。

上述研究均是将辐照参数——束流能量固定在某一水平上,在此基础上研究电子束辐照处理对冷却猪肉感官指标和微生物指标的影响,并指出电子束辐照对冷却猪肉品质的不良影响主要是由于束流能量高、作用剂量大等原因。本研究在单因素试验的基础上,通过降低束流能量,减小电子束辐照对冷却猪肉色泽的影响,而不用与其他方法相结合。以束流能量和辐照剂量为变量,研究并优化出电子束辐照技术对冷却猪肉杀菌的最佳工艺参数,为电子束辐照技术应用于肉类工业提供技术支持,为工业化在线的电子束辐照设备的选型和定制提供依据。

7.3.1　实验方法

(1)辐照处理

试验设计采用响应曲面法中 Central Composite 模式。以束流能量、辐照剂量两个因子为变量,分别以 X_1、X_2 表示,根据辐照食品卫生管理办法和单因素试验结果(最低有效剂量为 1.5 kGy,最高耐受剂量为 4.0 kGy),束流能量范围为 1.8~3.8 MeV,辐照剂量范围为 1.5~4.0 kGy。将真空包装好的肉块垂直悬挂在测试平台上方,与辐照源距离为 500 mm,调整设备电压、电流和时间,按照实验设计条件进行辐照处理。辐照后样品置于 0~5℃条件下保存,及时测定待测指标。每个处理重复 3 次。

(2)菌落总数测定

按照《食品安全国家标准 食品微生物学检验 菌落总数测定》(GB 4789.2—2016)进行。

(3)色泽测定

采用 WSC – C 测色色差计进行色泽的测定,主要测定红度值(a^*)和亮度值

(L^*)。

以束流能量和辐照剂量为 X_1 和 X_2,以辐照后冷却猪肉的菌落总数为 Y_1,电子束辐照对冷却猪肉杀菌试验的结果见表 7-3。

表 7-3　电子束辐照对冷却猪肉菌落总数和色泽的影响

试验序号	X_1（束流能量/MeV）	X_2（辐照剂量/kGy）	Y_1（菌落总数对数/lg(CFU/g)）	试验结果预测值/lg(CFU/g)	Y_2 红度值 a^*	Y_3 亮度值 L^*
1	1(3.51)	-1(1.87)	4.00	4.02	121	-31
2	1	1(3.63)	3.20	3.22	132	-31
3	0(2.80)	-1.414(1.50)	4.30	4.26	85	-20
4	-1.414(1.80)	0(2.75)	3.80	3.76	100	-21
5	0	1.414(4.00)	3.10	3.08	121	-31
6	1.414(3.80)	0	3.90	3.66	125	-32
7	0	0	3.75	3.78	90	-21
8	0	0	3.74	3.78	87	-20
9	-1(2.09)	-1	3.90	3.94	106	-25
10	0	0	3.75	3.78	89	-19
11	0	0	3.75	3.78	85	-20
12	-1	1	3.75	3.80	116	-26
13	0	0	3.90	3.78	91	-20
对照			5.60		74	-17

注:"—"表示未经辐照处理。

7.3.2　杀菌效果数学模型的建立及显著性检验

利用 Design Expert 软件对表 7-3 试验数据进行回归拟合,获得二元二次回归模型方程为:

$$Y_1 = 3.78 - 0.24X_1 - 0.13X_2 - 0.16X_1X_2 - 0.18X_1^2 + 0.15X_2^2 (R^2 = 0.9755)$$

模型中的参数均为编码值。方差分析结果为:模型的显著性检验($P < 0.0001$),失拟性检验($P = 0.6034 > 0.05$),表明模型的失拟性不显著。一次项 $X_1(P < 0.0001)$、$X_2(P = 0.0041)$,极显著;二次项 $X_1^2(P = 0.0001)$、$X_2^2(P = $

0.0005），极显著；交互项 X_1X_2（$P = 0.0014 < 0.01$），辐照剂量和束流能量之间的交互作用影响是显著的。采用 SPSS 10.0 统计分析软件对试验值与预测值之间进行配对 T 检验，结果为：t 值为 1.157，双边检验 $sig = 0.273 > 0.05$，说明两组数据之间在统计水平上不存在显著差异，该模型能准确地模拟电子束辐照对冷却猪肉的杀菌试验。对辐照杀菌效果影响因素的显著性次序为：束流能量 > 交互作用 > 辐照剂量。束流能量在杀菌过程中发挥最主要的作用。

7.3.3 杀菌效果数学模型的响应曲面分析

由图 7 - 7(a) 可见，在束流能量编码值为 - 0.5 以上时，提高辐照剂量则杀菌效果显著；当辐照剂量编码值在 0.5 以上时，随着束流能量的增加，菌落总数明显下降。当束流能量和辐照剂量两者的编码值都在 0 以上时，由辐照剂量增加引起菌落总数的下降幅度大于相同单位电子束能量增加引起的下降幅度，说明当束流能量大于 2.8 MeV，辐照剂量大于 2.75 kGy 时，辐照剂量在杀菌效果中起更主要作用。由图 7 - 7(b) 等高线上可以看出，在等高线 3.6 包括的扇形区域，菌落总数下降了 2 个对数单位，此时辐照剂量为 3.09 ~ 3.63 kGy，束流能量为 2.37 ~ 3.51 MeV，在该区域内随着辐照剂量和束流能量的逐渐增加，菌落总数逐渐下降，杀菌效果显著。

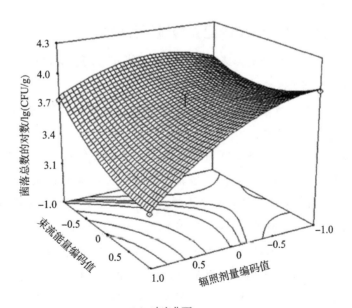

(a) 响应曲面

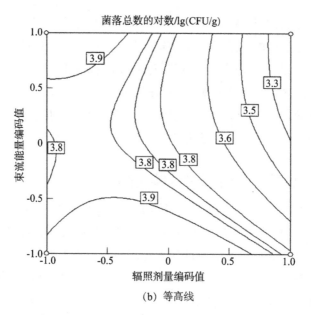

菌落总数的对数/lg(CFU/g)

(b) 等高线

图 7 - 7　电子束辐照对冷却猪肉杀菌效果模型的响应曲面(a)和等高线(b)

7.4　电子束辐照对冷却猪肉色泽的影响

7.4.1　色泽数学模型的建立与显著性检验

以束流能量和辐照剂量为 X_1 和 X_2,以红度值 a^* 为 Y_2,亮度值 L^* 为 Y_3,电子束辐照对冷却猪肉色泽影响的试验结果见表 7 - 3。

利用 Design Expert 软件对表 7 - 3 试验数据进行回归拟合,获得的二元二次回归模型方程如下文所示。

$$Y_2 = 88.48 + 4.57X_1 + 8.27X_2 + 14.64X_1^2 + 13.28X_2^2 (R^2 = 0.9737)$$

模型中的参数为编码值。模型显著性检验($P < 0.0001$),失拟性检验($P = 0.2308 > 0.05$),表明模型的失拟性不显著。一次项 X_1($P < 0.0001$)、X_2($P = 0.0041$),极显著;二次项 X_1^2($P < 0.0001$)、X_2^2($P < 0.0001$),极显著。

$$Y_3 = -20.11 - 1.03X_1 - 3.35X_2 - 4.19X_1^2 - 3.36X_2^2 (R^2 = 0.9632)$$

模型中的参数为编码值。模型显著性检验($P < 0.0001$),失拟性检验($P = 0.1523 > 0.05$);一次项 X_2($P = 0.0349$)显著;一次项 X_1($P < 0.0001$)、二次项 X_1^2($P < 0.0001$)和 X_2^2($P < 0.0001$),极显著。表明上述两个模型能够准确地反

映辐照对冷却猪肉色泽的影响。

7.4.2　色泽数学模型的响应曲面分析

由图 7 – 8 可知,响应面上的红度值有最小值,令偏微分方程 $\partial y_2/\partial x_1 = 0$；$\partial y_2/\partial x_2 = 0$,则解方程得辐照剂量为 2.38 kGy,束流能量为 2.64 MeV,此时红度值 a^* 的最小值为 83.55；在此辐照参数下,冷却猪肉与对照的红度值(74)最接近。由软件计算可得,在红度值为 89 的圆形区域内,束流能量范围为 2.28 ~ 2.91 MeV,辐照剂量为 2.24 ~ 2.99 kGy。

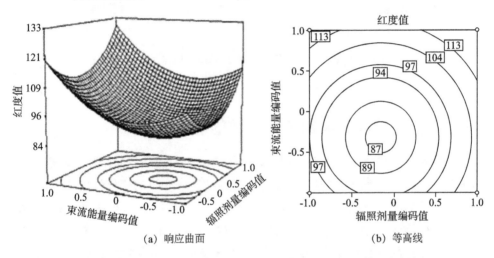

(a)　响应曲面　　　　　　　　　　(b)　等高线

图 7 – 8　电子束辐照对冷却猪肉红度影响模型的响应曲面(a)和等高线(b)

如果辐照参数偏离这个圆形区域,肉的红度值将会上升。所以在生产中,为获得理想的感官指标,最大限度地保持肉的原有红度,辐照参数设定应尽量在此区域内设定。

由图 7 – 9(a)可知,响应面上的亮度值有最大值。令偏微分方程 $\partial y_3/\partial x_1 = 0$；$\partial y_3/\partial x_2 = 0$,则解方程得辐照剂量为 2.67 kGy,束流能量为 2.55 MeV,此时亮度值 L^* 最大值为 – 18.21。由图 7 – 9(b)模型的等高线图上可以看出,亮度为 – 20 的圆形区域内束流能量范围为 2.09 ~ 2.80 MeV,辐照剂量范围为 2.05 ~ 2.92 kGy,在生产实际中,为了使肉的亮度达到最优指标,辐照的参数应在此区域设定。

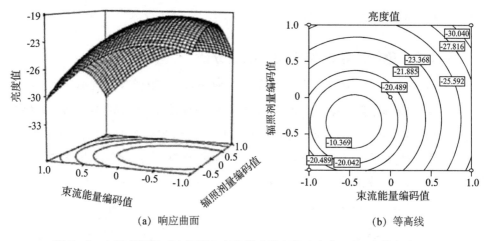

（a）响应曲面 （b）等高线

图 7-9　电子束辐照对冷却猪肉亮度影响模型的响应曲面（a）和等高线（b）

7.5　最佳工艺参数的确定及验证

　　在本研究中优化电子束对冷却猪肉辐照的最佳工艺参数的原则是以杀菌效果为最主要的考核指标,感官指标色泽（包括红度和亮度）的变化为参考指标,在最大限度不影响色泽的前提下达到最理想的杀菌效果。将红度、亮度、菌落总数3 个指标的参数范围取交集,束流能量为 2.37 ~ 2.80 MeV,在此范围内,束流能量对冷却猪肉的感官色泽影响较小,但束流能量越大,杀菌效果越好,所以最佳束流能量为 2.80 MeV;红度和亮度两指标的辐照剂量范围为 2.24 ~ 2.99 kGy,但此参数范围不能满足理想杀菌效果的剂量要求（3.09 ~ 3.63 kGy）,在尽可能减少电子束辐照对冷却猪肉感官不良影响的前提下,辐照剂量选为 3.09 kGy。将设备参数设定为优化的参数条件进行验证试验,样品经过辐照后,与对照样品一起在 4℃ 条件下进行贮藏,每隔 1 周检测 1 次菌落总数、红度和亮度值,如表 7-4 所示。经过最佳工艺辐照后的样品,1 周后肉的颜色鲜红,微生物指标正常;但对照样品已经变成暗红色,失去光泽,气味正常。2 周后,处理样品仍然保持鲜红,气味正常;对照样品颜色为暗紫色,并具有轻微的酸臭味。经过 3 周后,辐照样品发生明显变化,颜色变得暗红,失去光泽,但菌落总数仍低于 10^6 CFU/g,而对照样品颜色变成棕褐色,已发生严重腐败。综合以上数据可知,经过最佳工艺辐照后的冷却猪肉保质期可达 3 周。

表 7 – 4　最佳工艺条件下冷却猪肉样品在贮存期间菌落总数及色泽的变化

贮藏时间/d	对照			处理		
	红度值 a^*	亮度值 L^*	菌落总数的对数/lg(CFU/g)	红度值 a^*	亮度值 L^*	菌落总数的对数/lg(CFU/g)
0	78	– 16	5.63	91	– 21	3.84
7	25	– 41	6.12	88	– 44	4.01
14	16	– 63	7.81	73	– 47	4.60
21	12	– 78	8.95	62	– 63	5.71
28	11	– 82	8.82	45	– 71	7.82

　　由本研究结果可见,采用较低的电子束辐照剂量对冷却猪肉进行辐照,在最大限度不影响其感官品质的情况下,能达到良好的杀菌效果。在辐照剂量不变、仅降低束流能量的情况下,对冷却猪肉的杀菌效果并没有显著减弱,但能够降低对感官指标和品质的不良影响。本研究还发现,如果提高辐照剂量或束流能量,则杀菌效果会明显提高,但对感官指标如色泽、弹性等有不良影响,甚至产生具有臭味和焦糊味的所谓的辐照味。Terrance 指出,降低电子束的能量,不利于包装袋内臭氧的生成,对冷却猪肉红度值和亮度值的影响较小。Zhu 等采用添加乳酸盐和苯甲酸盐的方法来减小电子束辐照对火冷鲜鸡肉色泽和品质的影响,发现添加乳酸盐的试验组对肉的色泽有很好的保护作用,但添加乳酸盐会使冷却猪肉的风味发生变化,降低肉的食用品质和商品价值。Fielding 等研究发现,在不同 pH 值条件下,电子束辐照对大肠杆菌的灭活过程中,辐照剂量对大肠杆菌的杀灭效果占主导地位,但仍会对冷却猪肉产生轻微的辐照味。本研究是以杀菌效果和色泽变化为指标优化电子束对冷却猪肉的辐照工艺参数。在此基础上还将进一步研究辐照参数的变化与肉的保水性、弹性以及风味变化之间的关系,揭示辐照味和色泽变化的机理,为电子束辐照应用于冷却猪肉生产提供技术支持。

7.6　本章小结

　　①以辐照吸收剂量、束流能量为试验因子,以菌落总数为指标,通过响应面分析法(RSD)建立了电子束辐照对冷却猪肉杀菌的二次多项数学模型,其表达式为:

$$Y = 3.78 - 0.24X_1 - 0.13X_2 - 0.16X_1X_2 - 0.18X_1{}^2 + 0.15X_2{}^2 \quad (R^2 = 0.9755)$$

试验因子的显著性顺序为:吸收剂量 > 交互作用 > 束流能量。使冷却猪肉初始菌数下降 2 个对数单位的辐照参数范围为:3.23 ~ 4.0 kGy,2.3 ~ 3.8 MeV,在这个参数范围内取值可以获得理想的杀菌效果。当辐照吸收剂量大于 2.75 kGy 时,继续增加剂量,杀菌效果更显著;当束流能量大于 2.8 MeV 时,再增加束流能量,杀菌效果变化不明显,辐照吸收剂量与束流能量之间存在协同增效的作用。样品在 4℃ 和 7 ~ 10℃ 的贮藏条件下,经电子束辐照的冷却猪肉比对照样品货架期分别延长 12 d 和 9 d,电子束辐照对冷却猪肉具有杀菌和保鲜作用。

②通过响应面法(RSM)建立了电子束辐照对冷却猪肉杀菌的数学模型,分析出杀菌效果的显著性影响次序为:束流能量 > 交互作用 > 辐照剂量;菌落总数下降 2 个对数单位的辐照剂量范围为 3.09 ~ 3.63 kGy,束流能量范围为 2.37 ~ 3.51 MeV,在这两个参数范围内取值,辐照剂量或束流能量越大,杀菌效果越显著。在辐照剂量为 2.38 kGy,束流能量为 2.64 MeV 时,红度值 a^* 最小;在束流能量 2.28 ~ 2.91 MeV 和辐照剂量 2.24 ~ 2.99 kGy 的参数范围时,电子束辐照能更好地保持肉的红度。在辐照剂量为 2.67 kGy,束流能量为 2.55 MeV 时,亮度值 L^* 最大值为 −18.21;在束流能量范围 2.09 ~ 2.80 MeV,剂量范围 2.05 ~ 2.92 kGy 时,肉的亮度不会发生明显的变化。电子束辐照对冷却猪肉既达到杀菌保鲜效果,又最大限度不影响感官色泽,最优的电子束辐照工艺参数为:束流能量为 2.80 MeV,辐照剂量为 3.09 kGy。经过最佳工艺条件辐照后的样品可以贮藏 3 周,货架期比对照延长 2 周。

第8章 生物保鲜剂在冷却猪肉保鲜中的应用

因微生物的作用冷却猪肉保质期一般为 5 d 左右,因此抑制肉中微生物的生长、延长其货架期成为研究的重点。添加保鲜剂具有效果好、操作简便、成本低等优点,因此在实际生产中比较常用。随着消费者对食品安全要求的提高,应用生物保鲜剂延长食品的货架期越来越受到人们的重视。

本章研究了不同浓度的 ε-聚赖氨酸(ε-PL)对冷却猪肉冷藏过程中品质的影响,以期为 ε-PL 在冷却猪肉保鲜上的应用提供一定的理论基础。

8.1 ε-聚赖氨酸对冷却猪肉保鲜效果的研究

本试验研究了不同浓度的 ε-PL 对冷却猪肉冷藏过程中品质的影响,将新鲜猪肉在 -20℃下冷冻 1 h,然后在 2℃冷藏 8 h,使其中心温度降至 0~4℃。提前将所用的刀具和案板经 75% 的酒精消毒杀菌并紫外照射 15 min,在无菌的操作下,去掉猪肉的筋膜及多余的脂肪,切成 25 g(用于菌落总数试验)和 50 g(用于其他指标试验)左右的肉块,随即分组,分别用保鲜液处理,具体工艺流程:冷却肉→在保鲜液中浸泡 3min→取出沥干(在超净台内沥干 6 min)→装入 PE 保鲜袋→放置 4℃冰箱中,在第 0、2、4、6、8、10、12 d 测定各指标。实验组设计如表8-1所示。

表8-1 实验组设计

实验组编号	处理方式
CK	空白对照组(去离子水浸泡)
A1	0.05% ε-PL
A2	0.1% ε-PL
A3	0.15% ε-PL
A4	0.2% ε-PL

8.1.1 菌落总数的变化

不同处理组的样品在冷藏期间菌落总数的变化见图 8 – 1。

由图 8 – 1 可知,随着贮存时间的延长,各组样品的菌落总数逐渐增大;其中空白组 CK 的菌落总数上升显著,在第 6 d 已经超过标准数值 6 lg(CFU/g);经过 ε – PL 处理的实验组的菌落总数上升缓慢,在第 2 d 时空白组 CK 菌落总数显著高于保鲜液处理的实验组($P < 0.05$),说明 ε – PL 能够有效地抑制细菌的生长繁殖,实现保鲜。在不同浓度 ε – PL 处理的样品之间,随着 ε – PL 浓度的增大,抑菌作用有增强的趋势。前人报道,ε – PL 浓度从 400 mg/L 增加到 800 mg/L,冷却猪肉的菌落总数下降不显著;本研究中也出现类似情况,从 0.05% 增加到 0.1% 和 0.15% 增加到 0.2%,样品菌落总数的下降无明显差异($P > 0.05$);其中 A3 和 A4 实验组抑菌效果最好,在第 10 d 都没有超出限度标准。

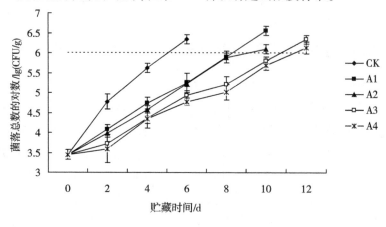

图 8 – 1 菌落总数的变化

8.1.2 TVB – N 值的变化

挥发性盐基氮(TVB – N)是评判肉质鲜度的重要指标,它是指肉类食品中的蛋白质在细菌和酶的作用下,发生分解而产生氨及胺类等挥发性物质。

冷却猪肉在贮藏期间 TVB – N 值的变化如图 8 – 2 所示。从图 8 – 2 中可以看出:整个贮藏期间内,所有实验组的 TVB – N 值都呈上升趋势,空白组 CK 贮藏 2 d 后 TVB – N 值增长趋势明显,在第 6 d 时 TVB – N 值达到 21.8 mg/100g,已超出猪肉鲜度标准;经过保鲜液处理的实验组 TVB – N 值增长相对缓慢,第 4 d 时,处理组与空白组的 TVB – N 值出现显著差异($P < 0.05$)。这表明经过 ε – PL

保鲜液处理后,能够有效抑制细菌的生长,降低细菌对蛋白质的分解,从而延缓冷却猪肉 TVB - N 值的增长。

从图 8-2 中还可以看出 A3、A4 两组 TVB - N 值上升最为缓慢,在第 4~6 d 期间,两组 TVB - N 值无明显差异(P >0.05),从第 8 d 开始差异稍有增大,在第 10 d 时两组的 TVB - N 值分别为 18.17、17.26 mg/100g,都没有超出鲜肉标准,而在第 12 d 时两组 TVB - N 值同时超出鲜肉标准。这种现象未见前人报道,其原因可能是样品的 TVB - N 值变化与微生物的生长繁殖有很好的相关性,而两者的抑菌效果相近,使得 0.15% ε - PL、0.2% ε - PL 延缓 TVB - N 值上升的效果相当,具体原因有待进一步研究。

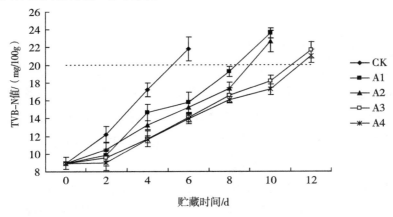

图 8-2 TVB - N 值的变化

8.1.3 pH 值的变化

活体猪肉的 pH 一般为中性(7.0~7.2),死后糖原降解生成乳酸,肉的 pH 下降到能够阻止糖原降解酶的活性为止;但随着贮藏时间的延长,猪肉中蛋白质在细菌及酶的作用下分解为氨和胺类化合物等碱性物质,使其 pH 值逐渐升高,因此,在一定范围内肉中 pH 值的升高幅度可以反映肉的新鲜程度。

冷却猪肉在贮藏过程中 pH 的变化如图 8-3 所示。从图 8-3 中可以看出,在整个贮藏期内各实验组的 pH 呈先下降后上升的趋势,在第 2 d 都达到最低点,从第 4 d 开始空白组 CK 的 pH 显著高于处理组(P < 0.05),这是因为 ε - PL 能够抑制细菌的生长,从而延缓样品中蛋白质的分解,达到保鲜的效果。

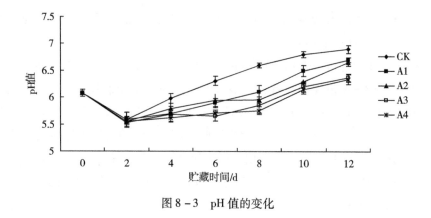

图 8-3　pH 值的变化

8.1.4　红度值 a^* 的变化

冷却猪肉的颜色是重要食用品质之一,也是消费者是否购买的主要判断依据。样品颜色的变化可以通过 a^*(红度值)、L^*(亮度值)和 b^*(黄度值)来衡量。其中样品 a^*(红度值)在感官和仪器分析上都有明显差异,而 L^*(亮度值)和 b^*(黄度值)只能通过仪器来分析,在感官上差别不明显。因此冷却猪肉的色泽变化主要通过 a^*(红度值)衡量。

冷却猪肉在贮藏期间红度值的变化如图 8-4 所示。从图 8-4 中发现,随着贮藏时间的延长,样品的 a^* 逐渐下降;从第 4 d 开始,经过保鲜液处理的实验组 a^* 下降速率显著低于空白组 CK($P < 0.05$),说明 ε-PL 具有一定的护色作用。前人报道,肉在贮藏过程中在微生物的作用下会产生 H_2S,它与肌红蛋白生成硫化肌红蛋白,使肉呈绿色。不同浓度 ε-PL 处理的样品中,A3、A4 两组变化较为平缓,并且两者之间无明显差异($P > 0.05$),可能是因为 0.15% 和 0.2% 有相当的抑菌效果,抑制了 H_2S 的生成,具体原因需进一步研究。

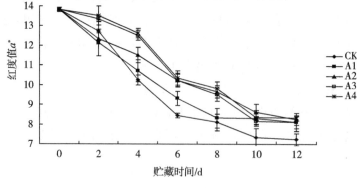

图 8-4　红度值的变化

8.1.5　保水力的变化

保水力是指当肌肉受到外力作用时,如加压、切碎、加热、冷冻、解冻等加工或贮藏条件下,保持其原有水分的能力。一般来讲,保持适宜比例水分的肉和肉制品鲜嫩可口、多汁味美,脱水后的肉颜色、风味和组织状态受到严重影响,并会加速脂肪氧化。

冷却猪肉在贮藏过程中保水力的变化如图 8－5 所示。可以发现实验组的保水能力呈非线性的上升趋势,这种现象前人也有过类似报道,在同一时期,空白组 CK 的保水力与处理组相比并没有显著降低,反而在第 2 d 时,CK 组保水力显著高于其他实验组($P < 0.05$)。这说明经过 ε－PL 处理后,样品的保水力并没有相应的提高。前人报道,保水力的变化与蛋白质水解程度、不同温度和 pH 下蛋白质结构的收缩有关。因此,各实验组保水力差异可能是由不同浓度 ε－PL 产生不同的 pH 引起的,具体原因需进一步研究。

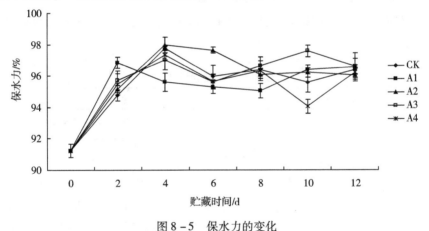

图 8－5　保水力的变化

试验表明,在 4℃ 冷藏条件下,冷却猪肉经过 ε－PL 处理后,其细菌的生长、TVB－N 值和 pH 值的上升都得到抑制,并且起到一定的护色作用;但不能改善冷却猪肉的保水能力,因此在今后的实际应用中可以考虑结合其他的具有保水作用的保鲜剂使用。

综合各试验指标,0.15% ε－PL 、0.2% ε－PL 保鲜冷却猪肉最佳,都能够延长冷却猪肉 5 d 左右的货架期,但考虑应用成本后,在实际中可以选择 0.15% ε－PL。

8.2　ε-聚赖氨酸协同壳聚糖对冷却猪肉保鲜效果的研究

单一生物保鲜剂——ε-聚赖氨酸浸泡保鲜冷却猪肉具有一定效果,其实际应用浓度为 0.15%。壳聚糖具有抗氧化和抑菌作用,在食品保鲜方面已广泛应用。本节研究了冷藏条件下,运用 ε-聚赖氨酸结合壳聚糖复合生物保鲜剂浸泡处理冷却猪肉,对冷却猪肉冷藏保鲜效果进行研究。

本试验研究了不同浓度的 ε-PL 对冷却猪肉冷藏过程中品质的影响,将新鲜猪肉在 -20℃下冷冻 1 h,然后在 2℃冷藏 8 h,使其中心温度降至 0~4℃。提前将所用的刀具和案板经 75% 的酒精消毒杀菌并紫外照射 15 min,在无菌操作下,去掉猪肉的筋膜及多余的脂肪,切成 25 g(用于菌落总数试验)和 50 g(用于其他指标试验)左右的肉块,随即分组,分别用保鲜液处理,具体工艺流程:冷却肉→在保鲜液中浸泡 3 min→取出沥干(在超净台内沥干 6 min)→装入 PE 保鲜袋→放置 4℃冰箱中,在第 0、2、4、6、8、10、12 d 测定各指标。实验组设计如表8-2所示。

表8-2　实验组设计

实验组编号	处理方式
CK	空白对照组(去离子水浸泡)
B1	1% 醋酸
B2	1.5% ε-聚赖氨酸
B3	0.15% ε-聚赖氨酸 +0.5% 壳聚糖 +1% 醋酸
B4	0.15% ε-聚赖氨酸 +1.0% 壳聚糖 +1% 醋酸
B5	0.15% ε-聚赖氨酸 +1.5% 壳聚糖 +1% 醋酸
B6	0.15% ε-聚赖氨酸 +2.0% 壳聚糖 +1% 醋酸

8.2.1　菌落总数的变化

根据中国冷却猪肉的行业标准 NY/T 632—2002,要求可食用冷却猪肉菌落总数 $\leqslant 1 \times 10^6$ CFU/g。在本次实验中,新鲜猪肉的初始菌落总数为 3.45 lg(CFU/g),随着贮藏时间的延长,空白组 CK 的菌落总数上升显著,在第 6 d 达到 6.24 lg(CFU/g),已经超过标准数值。

从图 8-6 中可以看出在第 2 d 时,醋酸处理的 B1 实验组菌落总数低于对照组 CK,表明醋酸也具有一定的抑菌效果,这与前人研究的醋酸有杀菌效果的结果相符,而经保鲜液处理的实验组菌落总数与空白组 CK 出现显著差异($P <$ 0.05),说明经保鲜液处理能够有效地延缓冷却猪肉中细菌的生长。第 4 d 时,经过复合保鲜剂处理的 B3、B4、B5、B6 与 B2 的菌落总数相比显著减少($P < 0.05$),这表明复合保鲜剂的抑菌效果优于单一保鲜剂。在不同浓度壳聚糖的实验组中,随着壳聚糖浓度的增加,抑菌效果也有增强的趋势,其中 B5 和 B6 两组抑菌效果最佳,在第 12 d 时菌落总数分别为 5.35 lg(CFU/g)、5.26 lg(CFU/g),远低于标准值,并且两组从第 2 d 到第 12 d 差异不明显($P > 0.05$),表明两者抑菌作用相当,在实际应用考虑成本问题,可选用 B5 组 0.15% ε - 聚赖氨酸、1.5% 壳聚糖、1% 醋酸。

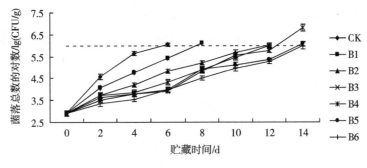

图 8 - 6　菌落总数的变化

8.2.2　TVB - N 值的变化

图 8 - 7 是冷却猪肉经保鲜剂浸泡处理后,在 4℃ 贮藏过程中 TVB - N 值的变化情况。实验测定的菌落总数变化与 TVB - N 值变化具有一定的相关性。随

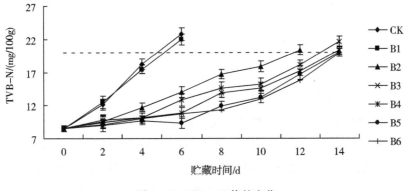

图 8 - 7　TVB - N 值的变化

着时间的延长,对照组和实验组的 TVB – N 值都呈现增大的趋势,其中空白组 CK TVB – N 值的增长趋势明显,在第 6 d 时 TVB – N 值已达到 21.8 mg/100g,按照 GB 9959.1—2019,超出猪肉鲜度标准(TVB – N ≤ 20 mg/100g)。从第 2 d 开始经过保鲜液处理的实验组能有效地延缓 TVB – N 值增长($P < 0.05$),整个贮藏过程中,发现 B5、B6 实验组 TVB – N 值上升最为缓慢,在第 12 d 时都没有超出鲜肉标准。

8.2.3　pH 值的变化

图 8 – 8 为样品在贮藏期间 pH 值的变化。从图 8 – 8 中可以看出,随着贮藏时间的延长,各实验组的 pH 值都呈增大趋势,这是因为肉品中的蛋白质会随着贮藏时间的延长,在细菌以及酶的作用下,分解成碱性物质,pH 值会逐渐升高,其中经过保鲜剂处理的实验组 pH 值上升缓慢,从侧面反映出保鲜剂能够抑制细菌的生长,延缓蛋白质的分解;在第 2 d 时样品的 pH 值都出现下降趋势,因为新鲜猪肉经过糖酵解过程产生乳酸,但对照组 CK 和实验组 B2 与其他实验组相比 pH 明显偏高,可能是壳聚糖的助溶剂——醋酸造成的。

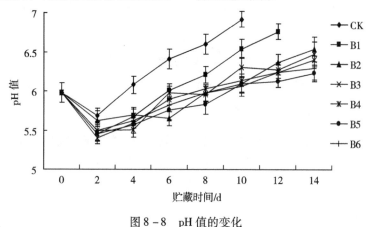

图 8 – 8　pH 值的变化

8.2.4　红度值 a^* 的变化

冷却猪肉在贮藏过程中红度值变化如图 8 – 9 所示。从图 8 – 9 可以看出,对照组和实验组的红度值随着贮藏时间的延长逐渐下降。从第 2 d 到第 14 d,对照组 CK 与实验组 B1 的红度值无明显差异($P > 0.05$),表明醋酸不能有效地保护猪肉的色泽;从第 6 d 开始,对照组 CK 与实验组 B2 出现明显差异,说明 ε – 聚赖氨酸对猪肉的色泽有一定的护色作用;从第 2 d 起 B3、B4、B5、B6 的红度值下降不明显($P < 0.05$),说明复合保鲜剂对猪肉的色泽保护作用明显,这是因为壳聚糖具有抗氧化的作用,延缓了肌红蛋白中铁离子与 O_2 的结合。

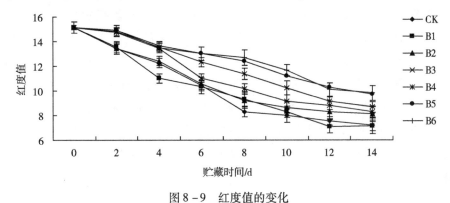

图 8 - 9　红度值的变化

8.2.5　保水力的变化

冷却猪肉在贮藏期间保水力的变化图 8 - 10 所示。保水力又称系水力,一般指肉品受到外力作用后,保持自带与外加水分的能力。肉品保持适宜水分时其鲜嫩可口、多汁味美;脱水后肉的颜色、风味和组织状态受到严重影响,并会加速脂肪氧化。从第 6 d 后,对照组 CK、B1、B2 的保水力差异不大,而复合保鲜液处理的实验组与其相比,保水力都有所上升。出现这种现象可能与壳聚糖具有成膜效果有关,能够减少汁液流失量,使其保水力有所加强。

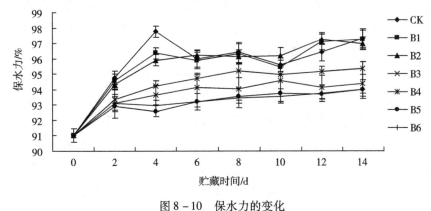

图 8 - 10　保水力的变化

经过醋酸浸泡处理后,冷却猪肉菌落总数比对照组的上升缓慢,稍微延缓冷却猪肉的腐败变质,起到一定的保鲜作用,但对其色泽和保水力影响不明显;而冷却猪肉经过壳聚糖和 ε-聚赖氨酸浸泡后不仅能够有效地延缓其菌落总数、TVB-N值和pH值的上升,对其色泽和保水力也起到一定的保护作用,效果更优于使用单一保鲜剂。

实验结果研究证明,0.15% ε-聚赖氨酸和2.0%壳聚糖保鲜冷却猪肉效果最佳,能将冷却猪肉的保鲜期从6 d延长至13 d左右,在第12 d时菌落总数、TVB-N值分别为5.26 lg(CFU/g)、15.81 mg/100g,远低于鲜肉标准值;而经过0.15% ε-聚赖氨酸和1.5%壳聚糖共同处理的冷却猪肉在第12 d时菌落总数、TVB-N值、pH值分别为5.35 lg(CFU/g)、16.65 mg/100g,并且两者在整个贮藏期间各项理化指标无明显差异($P>0.05$),表明两者的保鲜效果相近,因此在实际应用中可以选择0.15% ε-聚赖氨酸和1.5%壳聚糖对冷却猪肉进行保鲜处理。

8.3 复合生物保鲜剂对冷却猪肉保鲜效果的研究

随着人们对食品安全的关注度越来越高,消费者逐渐认识到化学保鲜剂的危害。在食品中应用生物保鲜剂进行防腐保鲜将成为今后发展趋势。生物保鲜剂按其来源可以分为植物源、动物源与微生物源的生物保鲜剂,植物源生物保鲜剂包括生姜、大蒜与茶多酚等,动物源生物保鲜剂包括壳聚糖、溶菌酶等,微生物源生保鲜剂包括 ε-聚赖氨酸、乳酸链球菌素(Nisin)等。

壳聚糖是一种具有高效抗菌作用和良好成膜性的高分子聚合物,由甲壳素(Chitin)通过脱乙酰制得,已在食品保鲜中得到广泛的应用。ε-聚赖氨酸(ε-PL)是一类由L-赖氨酸的 ε-氨基和 α-羧基通过肽键结合形成的多聚氨基酸,具有安全、高效、营养和热稳定性好等特点。研究表明 ε-PL对革兰氏阴性菌、革兰氏阳性菌、酵母菌以及霉菌都有较好的抑制作用。在一些发达国家,ε-PL已经广泛应用于食品各个行业,比如面包点心、奶制品和冷藏食品等;在中国,ε-PL多用于牛奶、鲜切蔬菜方面,而在冷却猪肉的应用几乎处于空白。茶多酚是茶叶中多酚类物质的总称,包括黄烷醇类、黄酮类和酚酸类等,具有抗氧化和抑菌作用,在食品保鲜方面也有良好效果。醋酸又称乙酸,是一种广泛存在于自然界的有机化合物,通常作为一种酸度调节剂;研究表明,它也具有一定的抑菌作用。因此,利用壳聚糖、ε-PL、茶多酚、醋酸制成的复合生物保鲜剂保鲜冷却猪肉,既可以延长货架期又不影响冷却猪肉的营养风味,同时安全卫生。

本研究采用 $L_9(3^4)$ 正交试验,保鲜剂按表8-3配制,正交试验设计见表

8 – 4。通过感官评定、菌落总数、TVB – N、pH 等指标的测定,对正交试验结果进行极差分析,优化出壳聚糖、ε – PL、茶多酚、醋酸最佳配比,以延长冷却猪肉的保鲜期。

表 8 – 3　L9(3⁴) 正交试验因素水平

水平	因素			
	A 壳聚糖/%	B ε – 聚赖氨酸/%	C 茶多酚/%	D 醋酸/%
1	0.5	0.05	0.2	0.5
2	1.0	0.10	0.4	1.0
3	1.5	0.15	0.6	1.5

表 8 – 4　L9(3⁴) 正交试验设计表

试验号	因素			
	A 壳聚糖/%	B ε – 聚赖氨酸/%	C 茶多酚/%	D 醋酸/%
1	1(0.5)	1(0.05)	1(0.2)	1(0.5)
2	1(0.5)	2(0.1)	2(0.4)	2(1.0)
3	1(0.5)	3(0.15)	3(0.6)	3(1.5)
4	2(1.0)	1(0.05)	2(0.4)	3(1.5)
5	2(1.0)	2(0.1)	3(0.6)	1(0.5)
6	2(1.0)	3(0.15)	1(0.2)	2(1.0)
7	3(1.5)	1(0.05)	3(0.6)	2(1.0)
8	3(1.5)	2(0.1)	1(0.2)	3(1.5)
9	3(1.5)	3(0.15)	2(0.4)	1(0.5)
10	对照组(去离子水浸泡)			

8.3.1　感官品质的变化

各组肉样在贮藏期间的感官指标综合评分见表 8 – 5。分析表 8 – 5 可知,样品初始(0 d)评分为 5 分,非常新鲜。随着贮藏时间的延长,试样感官品质逐渐下降,其中气味、色泽变化较为明显。对照组 CK 在第 6 d 的感官评分为 1.41 分,明显低于其他 9 组;当贮藏至第 12 d 时,9 组样品的感官综合评分最低为 2.07 分,最高为 2.97 分,除第 3 组和第 9 组感官综合效果稍差外,其余组均未出现明显腐败,但各组间有一定的差异。说明壳聚糖、ε – 聚赖氨酸、茶多酚按不同比例配制的保鲜液,对于延长冷却猪肉的保鲜期均有明显效果,效果显著性与成分浓度有关。第 15 d 时所有感官评分均低于 2 分,已经不能被消费者所接受。

表 8-5　感官评定试验结果

试验号	贮藏时间/d					
	0	3	6	9	12	15
1	5.00 ± 0.00	4.45 ± 0.15	4.03 ± 0.18	3.59 ± 0.13	2.57 ± 0.31	1.00 ± 0.00
2	5.00 ± 0.00	4.21 ± 0.22	3.38 ± 0.21	3.03 ± 0.16	2.43 ± 0.12	1.00 ± 0.00
3	5.00 ± 0.00	4.16 ± 0.31	3.52 ± 0.23	3.41 ± 0.25	2.23 ± 0.24	1.00 ± 0.00
4	5.00 ± 0.00	4.23 ± 0.12	3.94 ± 0.19	3.17 ± 0.18	2.50 ± 0.12	1.13 ± 0.10
5	5.00 ± 0.00	4.38 ± 0.16	3.43 ± 0.14	3.05 ± 0.24	2.67 ± 0.17	1.27 ± 0.17
6	5.00 ± 0.00	4.52 ± 0.11	3.83 ± 0.22	3.61 ± 0.23	2.51 ± 0.19	1.00 ± 0.00
7	5.00 ± 0.00	4.71 ± 0.21	3.66 ± 0.11	3.31 ± 0.21	2.67 ± 0.24	1.23 ± 0.23
8	5.00 ± 0.00	4.29 ± 0.23	3.47 ± 0.31	3.27 ± 0.21	2.97 ± 0.19	1.52 ± 0.16
9	5.00 ± 0.00	4.32 ± 0.26	3.78 ± 0.20	3.43 ± 0.17	2.07 ± 0.27	1.00 ± 0.00
10	5.00 ± 0.00	3.01 ± 0.17	1.41 ± 0.17	1.00 ± 0.00	1.00 ± 0.00	1.00 ± 0.00

8.3.2　菌落总数的变化

不同处理组的样品在贮藏期间菌落总数的变化见图 8-11。

从图 8-11 可以看出,随着贮藏时间的延长,各组样品的菌落总数逐渐增大;其中空白组 CK 的菌落总数上升显著,在第 6 d 已经超过标准数值 6 lg(CFU/g);在第 3 d 时空白组 CK 菌落总数显著高于保鲜液处理的实验组($P < 0.05$),说明样品经不同浓度的复合生物保鲜液处理能有效抑制细菌的生长,从而达到保鲜效果。图 8-11 显示,第 4 组、第 8 组菌落总数上升缓慢,在第 15 d 时,两组菌落总数分别为 6.09 lg(CFU/g)、6.01lg(CFU/g),刚刚超过鲜度标准,明显低于其他 7 组($P < 0.05$)。

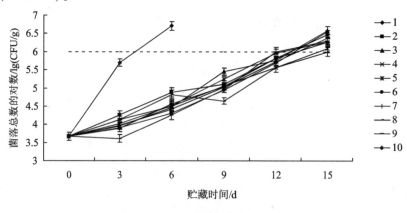

图 8-11　菌落总数的变化

8.3.3　TVB‐N 值的变化

挥发性盐基氮(TVB‐N)是指肉类食品中的蛋白质在细菌和酶的作用下,发生分解而产生的氨及胺类等挥发性物质。冷却猪肉在贮藏期间 TVB‐N 值的变化如图 8‐12 所示。

图 8‐12 显示,整个贮藏期间内,所有实验组的 TVB‐N 都呈现上升趋势,而空白组 CK 冷藏 3 d 后 TVB‐N 值增长明显,在第 6 d 时已超出猪肉鲜度标准;经过保鲜液处理的实验组 TVB‐N 值增长相对缓慢,第 6 d 时,处理组的 TVB‐N 值与空白组出现显著差异($P < 0.05$)。这表明经过复合保鲜液处理后,能够有效抑制细菌的生长,降低细菌对蛋白质的分解,从而延缓冷却猪肉 TVB‐N 值的增长。

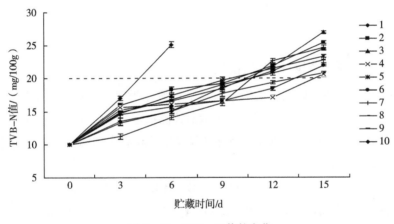

图 8‐12　TVB‐N 值的变化

图 8‐12 中还可以看出,不同浓度复合保鲜剂对样品 TVB‐N 的影响不同,在第 12 d 时第 4、6、8 组都在鲜度标准范围内,而其他 6 组都已超出鲜度范围;在第 15 d 时第 4、8 组刚超出鲜度标准,而其他 7 组明显高于鲜度标准;说明保鲜效果与保鲜剂各成分浓度有关。

8.3.4　pH 值的变化

活体猪肉的 pH 一般为中性,猪死后糖原降解生成乳酸,肉的 pH 下降到阻止糖原降解酶的活性为止;但随着贮藏时间的延长,猪肉中蛋白质在细菌及酶的作用下分解为氨和胺类化合物等碱性物质,使其 pH 值逐渐升高,因此在一定范围内肉中 pH 值的升高幅度可以反映肉的新鲜程度。从图 8‐13 中可以看出,在整个贮藏期内各实验组的 pH 呈上升趋势,从第 3 d 开始空白组 CK 的 pH 值显著高于处理组,这是因为复合生物保鲜剂能有效抑制细菌的生长,从而延缓样品中蛋白质的分解,达到保鲜的效果。

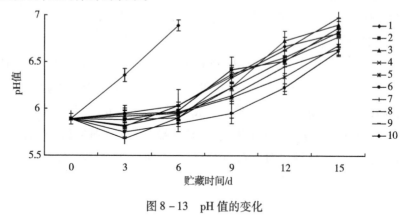

图 8-13　pH 值的变化

8.3.5　保鲜剂最佳浓度配比

将各项指标在贮藏期间的极差值与平均值作为评价标准进行结果分析,正交试验结果见表 8-6。极差值反映因素对检测指标的影响程度;极差值越大,表明因素对检测指标的影响越大。通过各因素试验结果之和的均值可以优化出各因素的最佳配比。

从表 8-6 可知,各因素对感官评价影响程度的顺序为:C > B > A > D,对菌落总数影响程度的顺序为:A > B > C > D,对 TVB - N 值影响程度的顺序为:A > C > B > D,对 pH 值影响程度的顺序为:A > C > B > D。优化水平组合为:感官评价 $A_3B_1C_1D_2$,菌落总数 $A_3B_1C_1D_3$,TVB - N $A_3B_1C_1D_3$,pH $A_2B_3C_1D_2$。

根据多倾向综合平衡分析,得到优化方案为: $A_3B_1C_1D_2$,即 1.5% 壳聚糖,0.05% ε - 聚赖氨酸,0.2% 茶多酚,1.0% 醋酸。

表 8-6　正交试验结果分析

试验号	因素				各指标总平均			
	A	B	C	D	感官评定	菌落总数/lg (CFU/g)	TVB - N/ (mg/100g)	pH
1	1	1	1	1	3.44	4.8746	17.1128	6.283
2	1	2	2	2	3.19	5.0362	18.4773	6.258
3	1	3	3	3	3.22	4.9841	18.1857	6.252

试验号	因素				各指标总平均			
	A	B	C	D	感官评定	菌落总数/lg （CFU/g）	TVB – N/ （mg/100g）	pH
4	2	1	2	3	3.33	4.8340	16.0141	6.198
5	2	2	3	1	3.30	4.9452	17.7829	6.150
6	2	3	1	2	3.41	4.8426	16.2145	6.046
7	3	1	3	2	3.43	4.7990	16.4682	6.235
8	3	2	1	3	3.42	4.8071	16.0192	6.170
9	3	3	2	1	3.27	4.8628	17.3822	6.245

		A	B	C	D
感官评定	T_1	3.283	3.400	3.423	3.337
	T_2	3.347	3.303	3.263	3.343
	T_3	3.373	3.300	3.317	3.323
极差值 R_1		0.090	0.100	0.160	0.020
菌落总数	T_1	4.965	4.836	4.841	4.894
	T_2	4.874	4.930	4.911	4.893
	T_3	4.823	4.896	4.909	4.875
极差值 R_2		0.142	0.094	0.070	0.019
TVB – N	T_1	17.925	16.532	16.449	17.426
	T_2	16.671	17.426	17.291	17.053
	T_3	16.623	17.261	17.479	16.740
极差值 R_3		1.302	0.894	1.030	0.686
pH	T_1	6.264	6.239	6.166	6.226
	T_2	6.131	6.193	6.234	6.180
	T_3	6.217	6.181	6.212	6.207
极差值 R_4		0.133	0.058	0.068	0.046

注：表中 T 为因素试验结果之和的均值，极差值 R 为 T 值中的大数 – 小数。

8.3.6　验证试验

按优化方案做三个平行样验证实验，在第 15 d 时分别检测 TVB – N、pH、菌落总数等指标，求其平均值得检测结果（见表 8 – 7）。验证实验结果明显优于正交试验组合中的试验值，说明上述优化方案结果是正确的、可行的。

表 8 - 7 验证试验结果

试验号	指标			
	感官评定	菌落总数/lg(CFU/g)	TVB - N/(mg/100g)	pH
1	2.57	5.8536	18.6036	6.43
2	2.45	5.8365	18.5653	6.51
3	2.52	5.8036	18.4635	6.48

结果表明,在 4℃冷藏条件下,冷却猪肉经过壳聚糖、ε - 聚赖氨酸、茶多酚、醋酸组成的复合保鲜液处理后,其细菌的生长、TVB - N 值和 pH 值的上升都得到抑制,对肉品的色泽、气味等具有保护作用。综合各试验指标,通过正交试验方法进行多倾向综合平衡分析,得到优化方案:1.5% 壳聚糖、0.05% ε - 聚赖氨酸、0.2% 茶多酚、1.0% 醋酸。

通过验证试验证明:将冷却猪肉浸泡在按该比例组成的保鲜液中,在 4℃贮存条件下可延长冷却猪肉货架期至 15 d。

8.4 生物保鲜剂结合气调包装对冷却猪肉保鲜效果的研究

气调包装(Modified Atmosphere Packaging,MAP)已广泛应用于食品保鲜中,以此延长食品货架期,提升食品价值。气调包装常用的充填气体主要有 O_2、N_2、CO_2 及其混合气体,这种技术应用于肉类保存不仅可以延长肉的货架期,还可以保持肉的色泽,是一种较为理想的冷却猪肉保鲜方法。

本节通过理化指标的测定研究了单一保鲜剂 ε - 聚赖氨酸和复合保鲜剂(ε - 聚赖氨酸、壳聚糖、茶多酚)结合气调包装对冷却猪肉保存期的影响。将所用的刀具和案板经 75% 的酒精消毒杀菌并紫外照射 15 min,在无菌操作下,去掉冷却猪肉(新鲜猪肉在 -20℃下冷冻 1 h 后在 2℃冷藏 8 h,使其中心温度降至 0~4℃)筋膜及多余的脂肪,然后切成 25 g(用于菌落总数试验)和 50 g(用于其他指标试验)左右的肉块,随即分组,分别用保鲜液处理,具体工艺流程如下:原材料→保鲜液(单一保鲜剂和复合保鲜剂)中浸泡 3 min→取出沥干(在超净台内沥干 3~6 min)→气调包装,放置 4℃冰箱中,在第 0、4、8、12、16、20 d 测定各指标。实验组设计如表 8 - 8、表 8 - 9 所示。

表 8 – 8　单一保鲜剂结合气调包装实验组设计

实验组编号	处理方式
CK	空气包装组
A1	0.15% ε – 聚赖氨酸
A2	0.15% ε – 聚赖氨酸 80% CO_2 + 20% O_2
A3	0.15% ε – 聚赖氨酸 50% CO_2 + 50% O_2
A4	0.15% ε – 聚赖氨酸 20% CO_2 + 80% O_2
A5	0.15% ε – 聚赖氨酸　真空包装

表 8 – 9　复合保鲜剂结合气调包装实验组设计

实验组编号	处理方式
CK	空气包装组
B1	1.0% 壳聚糖 + 0.05% ε – 聚赖氨酸 + 0.4% 茶多酚 + 1.0% 醋酸
B2	1.0% 壳聚糖 + 0.05% ε – 聚赖氨酸 + 0.4% 茶多酚 + 1.0% 醋酸　80% CO_2 + 20% O_2
B3	1.0% 壳聚糖 + 0.05% ε – 聚赖氨酸 + 0.4% 茶多酚 + 1.0% 醋酸　50% CO_2 + 50% O_2
B4	1.0% 壳聚糖 + 0.05% ε – 聚赖氨酸 + 0.4% 茶多酚 + 1.0% 醋酸　20% CO_2 + 80% O_2
B5	1.0% 壳聚糖 + 0.05% ε – 聚赖氨酸 + 0.4% 茶多酚 + 1.0% 醋酸　真空包装

8.4.1　菌落总数的变化

在肉品冷藏过程中,随着时间的延长,肉品中存在的嗜冷菌逐渐生长,能够分解肉品中的蛋白质,成为自身生长和活动的营养来源,因此菌落总数通常作为预测肉品货架期的检测指标。

不同处理组样品在贮藏期间菌落总数的变化见图 8 – 14、图 8 – 15。根据中国冷却猪肉的行业标准 NY/T 632—2002,要求可食用冷却猪肉菌落总数 ≤ 1 × 10^6 CFU/g。从两图中发现,样品的初始菌落总数为 3.53 lg(CFU/g),并且随着贮藏时间的延长,各组样品的菌落总数逐渐增大;从第 4 d 起,对照组 CK 的菌落总数上升显著($P < 0.05$),在第 8 d 达到 7.67 lg(CFU/g),远远超出标准值 6 lg (CFU/g);实验组 A1 与其他实验组 A2 ~ A5 相比菌落总数明显上升($P < 0.05$),且实验组 B1 与其他实验组 B2 ~ B5 相比菌落总数的上升比较明显,说明保鲜剂结合气调包装的抑菌效果优于单独使用保鲜剂。80% CO_2 的实验组 A2 和 B2 在各自实验组系中抑菌效果最佳,这是因为 CO_2 能够抑制多数细菌的生长;真空包装的实验组 A5、B5 与本组系实验组 A2 ~ A4、B2 ~ B4 相比,菌落总数的上升较快,可能是因为此时冷却猪肉中的优势腐败菌为肠杆菌属(兼性厌氧菌),不能有

效地抑制此种菌属细菌的生长;从第 12 d 开始实验组 A2 与 A3 相比抑菌效果相近,此时菌落总数分别为 4.92 lg(CFU/g)、5.14 lg(CFU/g),而实验组 A4 在此时已到达 5.61 lg(CFU/g),第 16 d 时已超出鲜肉标准,在 B 实验组系中也出现此种情况,这可能是由于冷却猪肉中的假单胞杆菌属(专性需氧菌)也成为优势菌,高浓度的 O_2 适合其生长。通过两图比较发现实验组 B1 ~ B5 的菌落总数相较于实验组 A1 ~ A5 上升缓慢,再次验证复合保鲜剂保鲜效果优于单一保鲜剂,且实验组 B2、B3 保鲜效果最佳,在第 20 d 时两组冷却猪肉的菌落总数都没有超出鲜度标准。

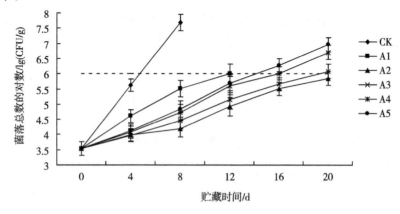

图 8 - 14　单一保鲜剂结合气调包装对冷却猪肉菌落总数的影响

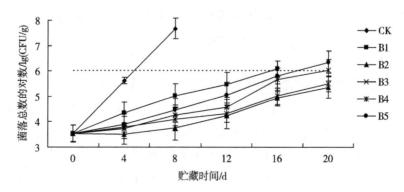

图 8 - 15　复合保鲜剂结合气调包装对冷却猪肉菌落总数的影响

8.4.2　TVB - N 值的变化

挥发性盐基氮是判断畜肉新鲜等级的可靠指标。图 8 - 16、图 8 - 17 显示不同处理组的样品在贮藏期间 TVB - N 值的变化。冷却猪肉的初始 TVB - N 值为

8. 34 mg/100 g,在第 8 d 上升至 29. 2 mg/100g,已远远超出鲜肉标准(≤20 mg/100g)。综合两图发现,不同复合气体包装处理后的冷却猪肉在整个贮藏期间 TVB‐N 值上升比较平缓,尤其复合保鲜剂结合气调包装的实验组(B3、B4、B5) 在第 20 d 时都没有超出鲜度标准,而且气调包装后的样品比单独应用保鲜剂处理的样品 TVB‐N 值上升缓慢,说明冷却猪肉经过保鲜剂处理后再应用气调包装储存的保鲜效果优于单独应用保鲜剂,这是因为气调包装中的 CO_2 能够抑制多数的微生物生长,进而延缓蛋白质的分解;真空包装处理的实验组 A5、B5 分别从第 4 d、第 8 d 开始上升较快,分别在第 16 d、第 20 d 时腐败;实验组 A4、B4 的 TVB‐N 值从第 12 d 开始上升快,这是因为高浓度的 O_2 适合假单胞菌属和肠杆菌属的生长繁殖,导致肉品中的蛋白质分解产生胺类物质,这与菌落总数的变化趋势大体一致。

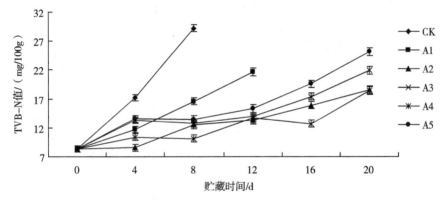

图 8‐16　单一保鲜剂结合气调包装对冷却猪肉 TVB‐N 值的影响

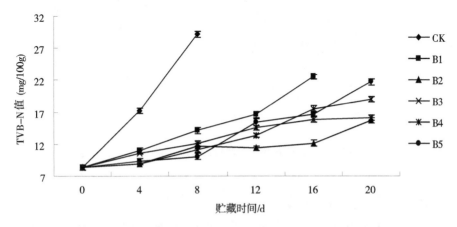

图 8‐17　复合保鲜剂结合气调包装对冷却猪肉 TVB‐N 值的影响

8.4.3　pH值的变化

不同处理组的冷却猪肉在贮藏期间 pH 值的变化如图 8 – 18、图 8 – 19 所示。由图可知,在第 4 d 时,只有对照组 CK 和实验组 A1 的 pH 值上升,其余实验组均出现下降趋势,这可能是因为气调包装含有部分的 CO_2 溶解以及壳聚糖的助溶剂——醋酸发挥作用;从第 8 d 开始,所有实验组样品的 pH 值都呈现上升的趋势,说明猪肉中的蛋白质逐渐被分解,产生的碱性物质致使 pH 值升高,其中 A2、B2 在各自实验组系中样品的 pH 值上升最为缓慢,这是因为高浓度的 CO_2 不仅能溶解,而且其抑菌效果也最佳,在前面的研究中有体现。

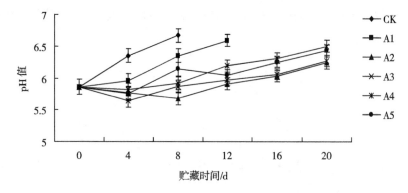

图 8 – 18　单一保鲜剂结合气调包装对冷却猪肉 pH 值的影响

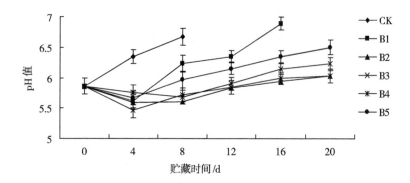

图 8 – 19　复合保鲜剂结合气调包装对冷却猪肉 pH 值的影响

8.4.4　红度值 a^* 的变化

冷却猪肉的色泽是保证货架期的重要指标,也是消费者是否购买的主要判断依据。不同处理组的冷却猪肉在贮藏期间红度值的变化如图 8 – 20、图 8 – 21

所示。

　　从两图中可以看出,随着时间的延长,所有实验组的红度值都呈现下降的趋势,对照组 CK 的红度值下降最为明显,而高 O_2 浓度的实验组 A4、B4 下降最为缓慢,这是因为 O_2 的分压较高,猪肉中的大部分肌红蛋白在 O_2 的作用下生成鲜红色的氧合肌红蛋白,而少部分生成褐色的氧化肌红蛋白,并且发现随着 O_2 浓度的减少,猪肉的红度值下降地越快,Sorheim 等也曾报道类似结果,可能是因为高浓度 CO_2 容易使猪肉红色褪去,并解释为高浓度 CO_2 造成低 pH 环境而导致其褪色。

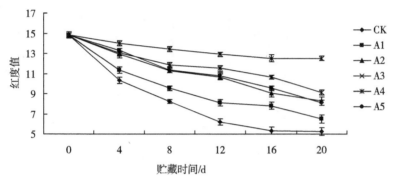

图 8-20　单一保鲜剂结合气调包装对冷却猪肉红度值的影响

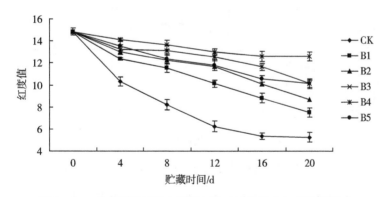

图 8-21　复合保鲜剂结合气调包装对冷却猪肉红度值的影响

8.4.5　保水力的变化

　　不同处理组的冷却猪肉在贮藏期间保水力的变化如图 8-22、图 8-23 所示。从图中发现,整个实验组的保水能力呈非线性变化,这种现象前人也做过类似报道,可能与猪肉的保水性、蛋白质水解程度、不同温度和 pH 下蛋白质结构的收缩有关;因此各实验组之间出现的差异可能与包装中 CO_2 浓度有关。但研究发现实验组 B1、B4 中样品的保水力在整个贮藏期间保水力变化趋于平稳,在第 20 d 时保水力比其他各实验组都要好,造成此种现象的原因可能是:①样品经过复合保鲜剂处理,其中的壳聚糖具有成膜的效果,使冷却猪肉的汁液流失率降低。②CO_2 浓度偏低,与其他实验组相比样品中的 pH 偏高,这将改变蛋白质的空间结构使肉的吸水性增强。③猪肉中不饱和脂肪酸的氧化是导致 pH 下降的重要因素之一,茶多酚具有抗氧化作用,可以延缓这一反应的发生。

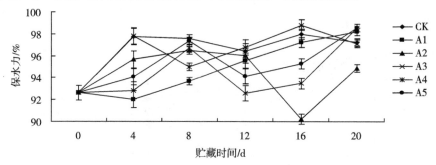

图 8 - 22　单一保鲜剂结合气调包装对冷却猪肉保水力的影响

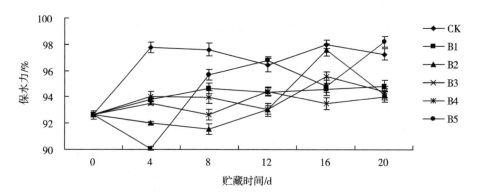

图 8 - 23　复合保鲜剂结合气调包装对冷却猪肉保水力的影响

在贮藏过程中,单一和复合保鲜剂能够抑制冷却猪肉中细菌的生长繁殖,延缓挥发性盐基氮的上升,具有一定的护色作用,单一保鲜剂 ε - 聚赖氨酸对冷却猪肉的保水力影响不大,不过复合保鲜剂对样品的保水性有一定的提高。保鲜剂协同气调包装作用于冷却猪肉比单独使用保鲜剂的效果好,并且复合生物保鲜剂和气调包装在保鲜方面优于单一生物保鲜剂和气调包装。

研究发现,初始菌落总数为 3.53 lg(CFU/g),挥发性盐基氮值为 8.34 mg/100g 的冷却猪肉,在 4℃冷藏条件下,空气包装组货架期约为 6 d,经过单一保鲜剂和复合保鲜剂浸泡处理的冷却猪肉货架期分别约为 10 d 和 16 d。生物保鲜剂结合气调包装能够显著延长冷却猪肉货架期,其中,真空包装组比充气组的保鲜效果差;充气包装中,80% CO_2 和 20% O_2 组合的抑菌以及延缓 TVB – N 上升的效果最佳,但对冷却猪肉的色泽有一定的负面影响,且保水性不是很好,复合保鲜剂组在第 20 d 时还没有超出鲜度标准;而 20% CO_2 和 80% O_2 组合的抑菌效果在充气组中最差,但对猪肉的色泽有很好的保护作用,在第 20 d 时都已超出鲜度标准;50% CO_2 和 50% O_2 组合在抑菌效果、色泽保护以及保水性方面都有很好的效果,建议在实际生产中可应用 1.0% 壳聚糖、0.05% ε – 聚赖氨酸、0.4% 茶多酚、1.0% 醋酸浸泡冷却猪肉后,再按 50% CO_2 和 50% O_2 气体比例包装处理,货架期可达 20 d;也可根据具体的实际要求(比如抑菌效果或色泽等)选择最佳的气调比例。

8.5　ε – 聚赖氨酸对铜绿假单胞菌的抑菌机理

ε – 聚赖氨酸(ε – PL)是一种新型的生物保鲜剂,在国外已广泛应用于食品的保鲜中,前面章节研究了其对冷却猪肉保鲜效果的影响,发现其对细菌的生长有抑制作用,但目前它具体的抑菌机理并没有完全被阐明,因此本节选用猪肉中的优势腐败菌假单胞菌属中的铜绿假单胞菌为研究对象,对 ε – PL 的抑菌机理做初步的探究。

8.5.1　ε – PL 对铜绿假单胞菌的最低抑菌浓度(MIC)的测定

不同浓度的保鲜剂溶液加入细菌培养液,培养 24 h 后,观察各平板中细菌的生长情况,结果见表 8 – 10。确定 ε – PL 对铜绿假单胞菌的最小抑菌浓度(MIC)为 50 mg/L。

表 8 – 10　ε – PL 对铜绿假单胞菌最小抑菌浓度(MIC)的测定

保鲜剂浓度 (mg/L)	400	200	100	50	25	12.5	6.25
细菌生长 情况	+	+	+	–	–	–	–

注:+ 表示有细菌生长;– 表示没有细菌生长。

8.5.2　ε – PL 对铜绿假单胞菌菌体细胞壁的影响

微生物细胞壁的主要功能为保护细胞免受机械性或渗透性的破坏及维持细胞

外形。当微生物细胞壁破损后,菌体在渗透压的作用下导致变形、破裂甚至死亡。碱性磷酸酶存在于细胞壁与细胞膜之间,菌体正常时不能检测到其活性,当细胞壁受损后,由于透性增强泄漏到胞外,因此检测其变化可以反映细胞壁的受损程度。

ε – PL 对铜绿假单胞菌菌体细胞壁的影响如图 8 – 24 所示。从图中发现,对照组 CK 的 AKP 基本没有变化,且含量很低,表明菌体的细胞壁基本完好;而从 1 h 起,1MIC(50 mg/L)ε – PL 实验组的 AKP 含量明显上升,到第 4 h 时达到最大值,随后趋于平稳,反映出 ε – PL 在较短时间内对铜绿假单胞菌的细胞壁有一定的破坏作用。

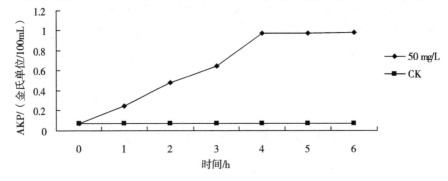

图 8 – 24　ε – PL 对铜绿假单胞菌菌体细胞壁的影响

8.5.3　ε – PL 对铜绿假单胞菌菌体细胞膜通透性的影响

微生物细胞膜具有选择吸收和运送物质、维持细胞内正常渗透压的功能,也是许多生化反应的重要部位。菌体细胞膜受损后,细胞膜流动性的降低和半透性的丧失将致使胞内的电解质大量外泄而引起电导率上升,因此,通过检测培养液的电导率变化来反映保鲜剂对菌体细胞膜的影响。图 8 – 25 为 ε – PL 对铜绿假单胞菌菌体细胞膜通透性的影响。

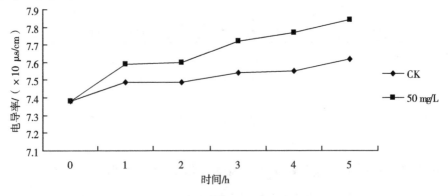

图 8 – 25　ε – PL 对铜绿假单胞菌菌液电导率的影响

由图可知,随着时间的延长,两组的电导率都呈上升趋势,但经过 ε–PL 处理的实验组明显高于对照组 CK,表明 ε–PL 溶液造成铜绿假单胞菌细胞膜通透性的增大,细胞质中大量电解质渗漏,从而达到抑菌效果。

8.5.4　ε–PL 对铜绿假单胞菌菌体紫外吸收物的影响

正常情况下,蛋白质、核酸等大分子不能透过细胞膜和细胞壁,因为细菌的细胞壁微孔只能透过小于 1 nm 的分子。由图 8–26 可知,随着时间的延长,两组在 260 nm 波长下的吸光值都呈现上升趋势,但 ε–PL 处理的实验组吸光值明显大于对照组,并随时间的延长吸光值增大。由此推测,随着保鲜剂与细菌作用时间的延长,菌体细胞通透性增大,其核心也受损,造成胞内蛋白质、核酸等具有紫外吸收特性的物质漏出,从而抑制铜绿假单胞菌的生长繁殖。

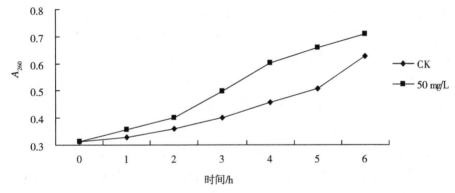

图 8–26　ε–PL 对铜绿假单胞菌菌体紫外吸收物的影响

ε–聚赖氨酸对铜绿假单胞菌的最小抑菌浓度为 50 mg/L,对铜绿假单胞菌的抑制较为明显。50 mg/L 浓度的 ε–聚赖氨酸能够逐步破坏铜绿假单胞菌细胞壁的完整性,使得碱性磷酸酶渗出,继而破坏细胞膜,使其丧失生理作用。随着处理时间的延长,培养液的紫外吸收物质增多,可见保鲜剂造成了腐败菌体内部核酸和蛋白质等物质的外泄,从而达到抑菌效果。

8.6　本章小结

本章通过对冷却猪肉在 4℃冷藏条件下,应用单一和复合生物保鲜剂对其保鲜效果以及保鲜剂结合气调包装对冷却猪肉品质变化的研究,为冷却猪肉保鲜技术的研究提供一定的理论基础。综合贮藏期间各项生化指标,确定了不同保鲜方式的冷却猪肉在4℃冷藏条件下的货架期。最后通过探究 ε - 聚赖氨酸对铜绿假单胞菌细胞结构的影响,初步研究其抑菌机理。研究结论如下:

①在4℃冷藏条件下,冷却猪肉经过 ε - PL 处理后,其细菌的生长、TVB - N 值和 pH 值的上升都得到抑制,并且具有一定的护色作用;但不能改善冷却猪肉的保水能力,因此在今后实际应用中可以考虑结合其他具有保水作用的保鲜剂使用。综合各试验指标,0.15% ε - PL、0.2% ε - PL 保鲜冷却猪肉最佳,都能够延长冷却猪肉 5 d 左右的货架期,但考虑应用成本后,在实际中可以选择 0.15% ε - PL。

②经过醋酸浸泡处理后,与对照组相比,冷却猪肉菌落总数上升缓慢,醋酸可稍微延缓冷却猪肉的腐败变质,起到一定的保鲜作用,但对其色泽和保水力影响不明显;而冷却猪肉经过壳聚糖和 ε - 聚赖氨酸浸泡后不仅能够有效地延缓其菌落总数、TVB - N 值和 pH 值的上升,对其色泽和保水力也起到一定的保护作用,效果更优于使用单一保鲜剂。实验结果证明,0.15% ε - 聚赖氨酸和 2.0% 壳聚糖组合保鲜冷却猪肉效果最佳,能将冷却猪肉的保鲜期从 6 d 延长至 13 d,在第 12 d 时菌落总数、TVB - N 值分别为 5.26 lg(CFU/g)、15.81 mg/100g,远低于鲜肉标准;而经过 0.15% ε - 聚赖氨酸和 1.5% 壳聚糖处理的冷却猪肉在第12 d 时菌落总数、TVB - N 值、pH 值为 5.35 lg(CFU/g)、16.65 mg/100g,并且两者在整个贮藏期间各项理化指标无明显差异($P > 0.05$),表明两者的保鲜效果相近,因此在实际应用中可以选择 0.15% ε - 聚赖氨酸和 1.5% 壳聚糖对冷却猪肉进行保鲜处理。

③4℃冷藏条件下,冷却猪肉经过壳聚糖、ε - 聚赖氨酸、茶多酚、醋酸组成的复合保鲜液处理后,其细菌的生长、TVB - N 值和 pH 值的上升都得到抑制,对肉品的色泽、气味等具有保护作用。综合各试验指标,通过正交试验方法进行多倾向综合平衡分析,得到优化方案:1.5% 壳聚糖、0.05% ε - 聚赖氨酸、0.2% 茶多酚、1.0% 醋酸。通过验证试验证明:将冷却猪肉浸泡在按该比例组成的保鲜液中,在4℃贮存条件下可延长冷却猪肉货架期至 15 d。

④在贮藏过程中,单一和复合保鲜剂能够抑制冷却猪肉细菌的生长繁殖,延缓挥发性盐基氮的上升,具有一定的护色作用,单一保鲜剂——ε - 聚赖氨酸对冷却猪肉的保水力影响不大,不过复合保鲜剂对样品的保水性有一定的提高。保鲜剂协同气调包装作用于冷却猪肉比单独使用保鲜剂效果好,并且复合生物保鲜剂和气调包装的组合在保鲜方面优于单一生物保鲜剂和气调包装的组合。

研究发现,初始菌落总数为 3.53 lg(CFU/g)、挥发性盐基氮值为8.34 mg/100g

的冷却猪肉,在4℃冷藏条件下,空气包装组货架期约为6 d,经过单一保鲜剂和复合保鲜剂浸泡处理的冷却猪肉货架期分别约为10 d和16 d。生物保鲜剂结合气调包装能够显著延长冷却猪肉货架期,其中,真空包装组比充气组的保鲜效果差;80% CO_2 和20% O_2 组合的抑菌以及延缓 TVB – N 值上升的效果最佳,但对冷却猪肉的色泽有一定的负面影响,且保水性不是很好,复合保鲜剂组在第20 d时还没有超出鲜度标准;而20% CO_2 和80% O_2 组合的抑菌效果在充气组中最差,但对猪肉的色泽有很好的保护作用,在第 20 d 时都已超出鲜度标准;50% CO_2 和50% O_2 的组合在抑菌效果、色泽保护以及保水性方面都有很好的效果,建议在实际生产中可应用 1.0% 壳聚糖、0.05% ε – 聚赖氨酸、0.4% 茶多酚、1.0% 醋酸浸泡冷却猪肉后,再按 50% CO_2 和 50% O_2 气体比例包装处理,货架期可达20 d;也可根据具体的实际要求(比如抑菌效果或色泽等)选择最佳的气调比例。

⑤ ε – 聚赖氨酸对铜绿假单胞菌的最小抑菌浓度为 50 mg/L,对铜绿假单胞菌的抑制较为明显。50 mg/L 浓度的 ε – 聚赖氨酸,能够逐步破坏其细胞壁的完整性,碱性磷酸酶渗出,继而破坏细胞膜,使其丧失生理作用。随着处理时间的延长,培养液的紫外吸收物质增多,可见保鲜剂造成了腐败菌体内部核酸和蛋白质等物质的外泄,从而达到抑菌效果。

第9章　酱卤鸡腿中杂环胺的检测方法及机制研究

　　肉制品是指用畜禽肉为主要原料,经调味制作的熟肉制成品或半成品。根据最新的报道,我国是加工肉制品历史最悠久、肉类品种最多的国家,近年来,我国的禽肉类年总产量达到 2000 万吨以上,产量仅次于美国,居世界第二位。其中冷鲜鸡肉制品因其蛋白质含量高、脂肪含量低等特点,在我国的消费量位居猪肉制品之后,成为我国第二大肉类消费品种。因肉制品的加工方式各具地方特色,饮食、文化等各不相同,肉制品加工种类也不尽相同,迄今为止,并没有一个分类方法可以国际通用,根据肉制品的最终特征和产品加工工序分为干制品(如肉干、肉松、肉脯等)、腌腊制品(如腊肉、金华火腿等)、香肠制品(如发酵香肠、熏肉香肠和生鲜肠等)、熏烤制品(如熏烤肉、烧烤肉等)、酱卤肉制品(如糟肉、卤肉、白煮肉等)、火腿类(金华火腿、宣威火腿等)、油炸制品(挂糊炸肉、清炸肉等)、调理肉制品(冻藏肉、冷藏类)、罐藏制品(硬罐头和软罐头)和其他类(肉糕类和肉冻类)。

　　酱卤肉制品是我国传统的肉制品之一,因其品种繁多、风味独特、颜色诱人等特点,深受消费者喜爱,其风味物质的形成以老卤为佳,而老卤又以多次烹制和多种原料为佳,使用时间越长、其品质越佳,故常将"百年老卤"视为珍品。"老汤"是酱卤肉制品产生特殊风味的主要来源,但是近年来随着人们对食品安全的关注和重视,传统酱卤制品中的老汤经反复卤煮产生了许多安全性问题,如亚硝酸盐含量超标和杂环胺致癌性等。经报道研究,肉制品在高温加工或长时间加热下很可能产生杂环胺类化合物,具有明显的致突变性,危害人体健康,因而在肉品加工与质量安全研究领域受到广泛关注。目前已经超过 25 种杂环胺被检测出来,关于流行病学研究肉类食品摄入与癌症发生的关系已经成为热点问题。经常过量摄入肉与肉制品存在较大的健康隐患,加工过程中形成的杂环胺可以引起脂肪、蛋白质和 DNA 氧化,导致人体内氧化应激,细胞和生物活性功能损害,从而增加人体慢性疾病发生的风险。因此有必要研究酱卤肉制品容易生成的杂环胺种类,研究其影响因素即形成规律(温度、时间等因素),从而采取有效的措施减少杂环胺的摄入量。

因此,本章对肉制品加工过程中杂环胺的形成规律、影响杂环胺生成的加工因素、检测杂环胺的方法以及抑制杂环胺的措施进行了探讨,以期为肉制品加工工业中控制杂环胺的产生提供参考。

9.1 杂环胺的概述

9.1.1 杂环胺的历史

Widmark 是第一位研究发现食物中存在诱导发生癌症物质的学者。该研究利用高温烤制马肉,将肉的提取液涂抹小鼠的背部,结果发现显著增加了小鼠发生肿瘤的风险。20 世纪 70 年代,Sugimura 等研究发现了在烤鱼和烤牛肉的表面存在致癌的物质——杂环胺。Commoner 等通过对沙门菌系统地进行艾姆斯试验,确定了熟制鱼和牛肉中高诱变活性的杂环胺种类。然后 Gross 和 Griiter 研究报道了一种新颖方法即固相萃取法,进行提取熟食食品中杂环胺并定量检测。杂环胺是一类强致癌物质,在含有丰富蛋白质食物(尤其是肉与肉制品)的热加工过程中形成。

9.1.2 杂环胺的分类

从发现杂环胺至今,在加工食物中分离鉴定杂环胺的种类已有至少 25 种。杂环胺可以分成两大类,为氨基咪唑氮杂芳烃类(aminoimidazole – azaarenes)和氨基咔啉类(amino – carbolines)。氨基咪唑氮杂芳烃类杂环胺通常形成于 200 ℃以下,包括喹啉类(IQ、MeIQ)、喹喔类(IQx、MeIQx、4,8 – DIMeIQx、7,8 – DieIQx)、吡啶类(PhIP)以及呋喃吡啶类(IFP)。氨基咔啉类杂环胺包括 α – 咔啉(AaC、MeAaC)、β – 咔啉(Norharman、Harman)、γ – 咔啉(Trp – P – 1、Trp – P – 2)和 ζ – 咔啉(Glu – P – 1、Glu – P – 2),形成的温度通常在 200 ℃以上。国际癌症研究机构(IARC)把 MeIQ、MeIQx、PhIP、AaC、MeAaC、Trp – P – 1、Trp – P – 2、Glu – P – 1 和 Glu – P – 2 列为 2B 类对人类可能性致癌物,把 IQ 列为 2A 类对人类很可能致癌物。美国健康和人道服务部把 IQ、MeIQ、MeIQx 和 PhIP 列为合理预期的人类致癌物。杂环胺的诱变机体突变能力是黄曲霉毒素 B1 的 100 多倍,是苯并[α]芘的 2000 倍以上。

流行病学研究表明各种癌症例如直肠癌、胃肠道癌和前列腺癌等都与食用过量和过度加热肉制品中的杂环胺有明显的关系。虽然如此,流行病学数据需要进一步研究明确癌症发生机制与肉制品中 MeIQ、PhIP 或 8 - MeIQx 等杂环胺的关系。因而,建立各种肉制品中杂环胺种类和含量的数据库去评估杂环胺摄入量与癌症发生关系的研究是十分重要的。Oz Fatih 研究调查了土耳其 7 个城市不同餐厅售卖的即食肉丸中杂环胺的含量与种类,结果表明,即食肉丸中平均总杂环胺含量为 5.54 ng/g,IQ 含量达到 1.59 ng/g,MeIQ 含量达到 0.66 ng/g,IQx 含量达到 3.81 ng/g,PhIP 含量达到 1.93 ng/g,而 MeIQx 和 4,8 - DiMeIQx 未检测出。Iwasaki 等研究调查了巴西各种特色的烹饪方法(例如,巴西烤制)熟制的牛、鱼、鸡等不同种类和不同加热程度肉的杂环胺含量,结果发现,巴西烤肉表面 PhIP 的含量达到 31.8 ng/g,显著高于平底锅煎炸方法产生的 PhIP 含量,冷鲜鸡肉和鸡皮中含有更高含量的 PhIP。最近,Pan 等研究调查了中国 7 个地区 34 种肉制品中 9 种杂环胺的含量,结果显示,所有肉制品的杂环胺含量范围为 4.14 ~ 108.80 ng/g,传统酱卤肉制品和干制品的杂环胺含量高于其他种类肉制品,而中国华东和西北地区的样品中杂环胺含量高于其他地区,最常见的杂环胺种类为 Harman 和 Norharman,含量分别为 1.09 ~ 63.97、1.19 ~ 62.30 ng/g。以上这些研究表明不同国家和地区肉制品中杂环胺的含量特点,为获得数据库来评估肉类食品营养与人体健康的关系、杂环胺摄入量对癌症发生的影响提供了重要的信息。

9.1.3　杂环胺的形成机制

肉制品中杂环胺的形成是由于肉中含有可能形成杂环胺的前体物质(包括氨基酸、糖类和肌酸肝等),经热加工处理发生美拉德反应。氨基酸和己糖通过美拉德反应形成吡嗪或吡啶。肌酸酐通过成环和脱去水分子形成 IQ 型杂环胺中的氨基咪唑部分。斯特雷克(Strecker)降解反应产物形成杂环胺喹啉(IQ)的剩余部分。这两部分通过斯特雷克羟醛基缩合反应形成咪唑喹啉或甲基咪唑喹啉。杂环胺的形成与这些前体物质的降解是同时发生的,而且美拉德反应形成杂环胺的过程会涉及吡嗪和吡啶阳离子自由基或碳中心自由基的参与。

学者们应用了不同的美拉德反应模型系统研究不同种类杂环胺的形成机制。模型系统一般以不同浓度比例的葡萄糖、肌酸酐、各种氨基酸构成。而应用氨基酸的种类主要是苯丙氨酸、色氨酸、苏氨酸、甘氨酸等。潘含应用色氨酸、苯丙氨酸、肌酸和葡萄糖体系建立低温加热模型研究酱牛肉中 Norharman 和 Harman 的形成规律。Wong 等应用以苯丙氨酸、肌酸酐和葡萄糖构成的模型系统研究 PhIP 的形成规律。

因而,在杂环胺的基础研究中应用简化的模型系统可以较好地理解肉制品加工过程中杂环胺的形成规律,为寻找抑制杂环胺的措施提供理论依据。

9.1.4　杂环胺形成的影响因素

影响肉制品中杂环胺形成的因素有很多,可以分为物理因素和化学因素。其中物理因素包括肉与肉制品的类型、加热温度和时间、加热方式等;而化学因素包括 pH 值、多糖、氨基酸和肌酸酐、脂肪、脂肪氧化及抗氧化物。在这主要介绍影响杂环胺形成的加工因素:加工方式、加热温度和时间、原料肉性质。这些因素可以导致肉制品中杂环胺的含量差异在 100 倍以上。

有研究报道加工温度和时间是影响肉制品加工中的杂环胺生成最主要的因素。总的来说,加热温度超过 200℃ ,总杂环胺含量的迅速增加。Gross 等研究报道了烹饪温度对烤鱼中杂环胺含量的影响,结果显示烤鱼在 200℃ 加热 12 min 时 Norharman 含量为 26 ng/g,而在 270℃ 加热 12 min 时 Norhaman 含量为44ng/g。Aaslyng 比较了不同种类肉在不同加工温度下杂环胺的含量,实验结果显示冷鲜鸡肉、牛肉、猪肉中杂环胺的含量随着样品中心温度(40、50、60、70、80℃)的增加而增加。Dong 等研究不同油炸温度(150、180 和 230℃)和时间(4、8、12、16 min)对牛肉饼和冷鲜鸡肉中杂环胺种类和含量的影响。在油炸牛肉饼中,Norharman 和 Harman 在 230℃、16 min 条件下迅速增加,Norharman 和 Harman 的含量分别为 88.51 ng/g 和 81.16 ng/g,分别是 230℃、4 min 处理组 Norharman 和 Harman 含量的 18 倍和 12 倍。Puangsombat 研究发现全熟程度牛肉的杂环胺含量是三分熟牛肉的杂环胺含量的 3.5 倍。OZ 和 Eldos 等研究报道了与油炸加工方式相比,应用真空低温烹饪(<100℃)方式的杂环胺生成量显著降低,然而在真空低温加热中,95℃时 IQ 的生成量比在 85℃时高出 1 倍多,4,8 - DiMeIOx 含量随着温度的升高而显著增加。Kaban 等研究了四种成熟度对冷鲜鸡肉中杂环胺含量的影响,在相同加热方式下,杂环胺的含量随着熟度增加而增加,在微波加热方式中,全熟等级的冷鲜鸡肉中 IQ 的含量是中等熟度的 10 倍,达到了7.37 ng/g。

肉制品加工中原料肉的性质包括原料肉的种类、化学成分、pH 值、成熟时间、原料肉的腌制等对热处理过程中杂环胺形成具有显著的影响。不同的原料肉种类不同,则肌肉的化学成分包括水分、蛋白质、氨基酸、脂肪和肌酐酸的含量都不同。即使在相同的加工方式中,不同种类原料肉加热处理后生成的杂环胺含量和种类存在较大差异。Kanithaporn 等研究表明油煎牛肉中杂环胺的含量为 8.92 ng/g,而油煎猪肉中杂环胺含量为 13.91 ng/g,油煎冷鲜鸡肉为(7.06 ±

0.56)ng/g。Liao 研究同样的加工条件,鸡胸脯中 Norharman 的含量是(1.41 ±
0.20)ng/g,而在鸭胸脯中含量为(6.15 ± 1.26)ng/g。原料肉的表面是否剔除
皮或者脂肪层都会影响热处理后杂环胺的生成量。最近,Szterk 等从杂环胺形成
的前体物角度研究了不同部位牛肉的化学成分(氨基酸、含氮基质、核苷、葡萄
糖、蛋白质)与烤制牛肉形成的杂环胺种类和含量的相关性,结果表明原料肉中
的嘧啶、嘌呤、含氮基质、核苷与杂环胺的形成含量显著相关,相关系数在 0.78 ~
0.99。因而,有研究通过腌制处理改变原料肉中的化学成分,例如,注射食盐、磷
酸盐溶液增加原料肉保持水分能力,或腌制液中添加不同糖类来影响杂环胺的
形成含量与种类。

杂环胺的生成与肉类加热方式有着密切的关系,并且每种加工方式对杂环
胺的生成量影响不同,在木炭烤制、油炸、油煎、微波加热、沸水煮制方式中,木炭
烤制、油炸和油煎、微波加热生成杂环胺的含量较多,沸水煮制加工方式生成杂
环胺的含量最少。Liao 等研究分析了四种不同烹饪方式对冷鲜鸡肉的杂环胺含
量影响,实验结果显示木炭烤制生成的杂环胺总量最多,为 112 ng/g,其中
Norharman 含量为 32.2 ng/g, Harman 含量为 32 ng/g,PhIP 含量为 31.1 ng/g。
Puangsombat 等检测了四种肉类(牛、鸡、猪、鱼)经过不同加工方式(平底锅油煎、
烤箱烤制、烘烤)处理后的杂环胺含量,结果显示,油煎炸熏肉中的杂环胺含量最
高(17.59 ng/g),而煎炸猪肉的总杂环胺含量高于牛肉和冷鲜鸡肉。最近,OZ 和
Eldos 研究报道了真空低温烹饪方式对牛排的杂环胺含量影响,实验结果表明真
空低温烹饪方式产生的杂环胺含量显著低于平底锅油煎的牛排。

9.1.5 杂环胺形成的抑制措施

由于杂环胺具有致突变性和致癌作用,如何控制肉制品加工过程中杂环胺
的形成一直是肉品加工安全的热点问题。国内外学者也一直致力于减少肉制品
加工中杂环胺生成量的研究。

在各种烹饪方式研究中,与其他常见的加工方式比较,真空低温煮制和微波
前处理可以有效降低杂环胺的含量。Felton 等对牛肉饼油炸前应用微波前处理,
使杂环胺的含量减少了 9%。Puangsombat 等应用微波预处理比烤炉烤肉生成的
杂环胺含量低了 3 倍。Jinap 等研究报道了通过快速油炸和微波预热可应用于减
少形成沙嗲冷鲜鸡肉和牛肉中的杂环胺。OZ 研究发现了低温真空加热显著降
低牛排中总杂环胺的含量,其生成量显著低于其他研究报道的加工方式,是值得
推荐的加工方式。

添加天然抗氧化物质对肉制品加工中杂环胺的控制研究较多,例如添加类胡萝卜素、维生素、大蒜、洋葱、迷迭香、石榴籽提取物、绿茶提取物等控制不同肉制品加工中杂环胺的形成。这是基于天然抗氧化物质有效抑制美拉德反应过程中中间产物的自由基活性。通过肉类腌制处理中添加抗氧化物质可以有效抑制加热过程中杂环胺的形成。最近,学者们报道了选取当地特色的香辛料对特色肉制品加工中的杂环胺形成的影响。Jinap 等研究报道了添加马来西亚特色的 4 种香辛料(姜黄、火炬姜、柠檬香草、咖喱叶)对马来西亚传统肉制品——沙嗲中杂环胺的影响,结果表明添加姜黄腌制显著降低了 IQ 的含量,最大降低量为 0.82 ng/g,添加浓度为 0.1 ng/g 的柠檬香草后 IQ 生成量降低了 0.44 ng/g,添加浓度为 0.1 ng/g 的火炬姜后 MeIQx 的生成量降低至 0.83 ng/g。这些结果说明,应用当地的香辛料可有效抑制烤牛肉中杂环胺的生成。Zeng 等选取 6 种中式香辛料(花椒、八角、小茴香、孜然、辣椒粉、黑胡椒),应用 UPLC - MS/MS 检测这些香辛料对烤牛肉饼中杂环胺含量的影响,实验结果显示,与未添加香辛料处理组相比,添加 1% 的花椒有效抑制烤牛肉饼中总杂环胺和 PhIP 生成量,然而其他香辛料促进了杂环胺形成,而且添加 1% 孜然能够显著增加 Harman 和 Norharman 的含量。该结果有助于在肉制品加工中选取合适的香辛料进行杂环胺的抑制。另外,OZ 等研究直接添加不同浓度的壳聚糖对不同加热温度下牛排中杂环胺的形成影响,结果表明,添加壳聚糖可以有效降低牛排的总杂环生成量,降低范围为 14.3% ~ 100% 。然后,OZ 继续研究添加不同浓度的共轭亚油酸对不同加热温度的肉丸中杂环胺生成量的影响,结果显示添加 0.25% 共轭亚油酸可以有效降低总杂环胺的含量,尤其抑制效果在烤制温度为 250℃ 时更加明显。

9.2 SPE - UPLC - MS/MS 法测定酱卤鸡腿老汤中10种杂环胺

酱卤冷鲜鸡肉制品是我国特有的典型的传统中式熟肉制品,深受广大消费者的喜爱,加入食盐、酱油等调味料和香辛料一起煮制而成,其主要特点是老汤卤煮过程中赋予产品鲜艳的色泽、独特的风味和良好的口感。生产酱卤冷鲜鸡肉制品时使用的"老汤"是经过多次反复煮制和回用的卤水。由于长时间高温卤煮加工,使得酱卤冷鲜鸡肉制品产生一定的安全隐患——杂环胺(HAs)。肉制品加工过程中形成的杂环胺可引起脂肪、蛋白质和 DNA 氧化,导致人体内氧化应激,细胞和生物活性功能损害,从而增加人体慢性疾病发生的风险,因此受到国内外肉品科学家广泛的关注。国内研究主要集中在羊肉和牛肉,而忽视"老汤"中的

HAs。这可能因为"老汤"以卤煮为主,温度不超过110℃。但是,老汤卤煮时间长、次数多,也能产生HAs,因此,对老汤中HAs的种类和含量有待继续研究。

杂环胺的分离、纯化和检测技术一直是研究的热点。由于复杂的食品基质体系中HAs含量为微量水平(ng/g),而且易受到食品中其他基质的干扰,Gross和Gruter等首次提出HAs的前处理固相萃取法(Solid Phase Extraction,SPE),用硅藻土做吸附剂填充到小柱里,然后通过串联PRS柱和C18柱富集、纯化HAs。Messner等对固相萃取法进行了改进,使用MCX混合阳离子交换萃取柱,简化操作步骤,缩短提取时间。HAs的检测方法主要有高效液相色谱(HPLC)、高效液相色谱—质谱联用(LC – MS)、超高效液相色谱(UPLC)、超高效液相色谱—质谱联用(UPLC – MS)等。肉制品中HAs的定量检测方法常用HPLC和UPLC – MS,郭海涛等应用固相萃取—高效液相色谱法同时测定羊肉制品中9种杂环胺;万可慧等和邵斌等应用高效液相色谱法分别测定牛肉干制品和传统禽肉制品中10种杂环胺;吕美等应用UPLC – MS/MS检测技术成功检测出煎炸牛肉饼中的3种杂环胺PhIP、AαC和Norharman;徐琦研究了超高效液相色谱—电喷雾串联质谱法同时测定鱼类加工品中12种杂环胺类化合物。国外研究传统酱卤肉制品中HAs的检测方法较少,并且主要集中牛、羊等肉制品,目前关于汤中杂环胺的研究尚未报道。因此,本章采取固相萃取净化,超高效液相色谱—串联质谱多反应监测模式,同时检测10种HAs。

9.2.1 样品前处理优化

9.2.1.1 样品的前处理方法一

参考Yao等报道的前处理方法,稍作修改。取样品在室温下放置30 min,自然解冻。准确称取3.0 g卤汤于50 mL离心管中,依次加入10 mL乙酸乙酯、1 mL氨水及1 mL三乙胺混合后,8000 × g离心10 min;残渣再按上述方法重复提取2次。合并上清液,上样于预先用5 mL二氯甲烷活化的Bond Elut PRS固相萃取柱上,控制流速为1 mL/min,样品全部通过PRS柱后,将柱抽干;依次用6 mL 0.01 mol/L盐酸、15 mL甲醇—盐酸(0.1mol/L HCl)(3 ： 2,v ： v)、2 mL水将非极性HAs洗脱至50 mL试管中;混合均匀,将混合液预先用5 mL甲醇和5 mL水活化的C18固相萃取柱(500 mg/3 mL),用2 mL水淋洗,抽干后,再用2 mL甲醇—氨水(9 ： 1,v ： v)洗脱,收集洗脱液于10 mL试管中。再将最初上样的PRS固相萃取柱与预先用2 mL甲醇和5 mL水活化的C18固相萃取柱(100 mg/1 mL)串联,用20 mL 0.5 mol/L醋酸铵水溶液(pH 8.0)将极性HAs从PRS柱洗脱至 C18 柱,弃去 PRS 柱,用 2 mL 水淋洗 C18 柱,抽干后用 2 mL 甲醇—氨水 (9 : 1,v : v)洗脱至 6 mL 试管中;洗脱液经氮吹仪在 50℃条件下 60 min 吹干, 用500 μL甲醇复溶,过 0.45 μm 针头过滤器,最后滤液经 UPLC – MS/MS 分析。

9.2.1.2　样品的前处理方法二

参考曾茂茂等报道的提取 HAs 方法,稍作修改。准确称取 3.0 g 的卤汤,加 入 30 mL 1 mol/L NaOH 溶液,用磁力搅拌器搅拌 1 min,加入 15 g 的硅藻土,混 合均匀。然后用 30 mL 的乙酸乙酯超声波提取 50 min,重复 2 次,于 8000 × g 下 离心 10 min。混合上清液,上样预先用 5 mL 甲醇活化 Oasis MCX 的小柱,待样品 全部通过固相萃取小柱,流速控制在 1 ~ 1.5 mL/min 后,用 3 mL 乙酸乙酯、6 mL 0.1mol/L HCl 淋洗,抽干。最后用 6 mL 甲醇—氨水(19 : 1, v : v)洗脱。洗 脱液经氮吹仪在 50℃条件下 90 min 吹干,用甲醇 500 μL 复溶,过 0.45 μm 的针 头过滤器,滤液经 UPLC – MS/MS 分析。

经过分析试剂和目标物的性质,选用乙酸乙酯对杂环胺化合物进行萃取,首 先由于 HAs 溶于有机溶剂,其次样品老汤中水分含量高,而水分与乙酸乙酯互 溶,能使其缓慢分解而呈酸性反应,且乙酸乙酯低毒、通透性强,有利于 HAs 的提 取率。按照 8.2.1.2 方法二,选取 60、75、90、105 mL 乙酸乙酯进行提取体积优 化,平均 20、25、30、35 mL 分 3 次进行提取,经过上样、富集、洗脱、检测等步骤分 析。60 mL 体积过小柱比较黏稠,易堵塞小柱,在相同处理方式下与 75、90、 105 mL 相比,测得 10 种 HAs 标准品在 90 mL 提取体积时回收率为 51.7% ~ 98.4%,105 mL 提取体积时回收率为 45.4% ~ 90.2%,75 mL 时的回收率为 40.3% ~84.7%,75 mL 回收率明显低于 90 mL 和 105 mL 的回收率,而 90 mL 回 收率略高于 105 mL 回收率,鉴于 90 mL 溶剂消耗量少、回收率略高,因此选择 90 mL 的体积最为合适。同样 8.2.1.1 方法一,选择 15、21、30、45 mL 乙酸乙酯 进行提取体积优化,均分 3 次进行提取。当提取体积为 15、21、30 mL 时,回收率 随着洗脱体积的增大而增大,提取体积为 45 mL 时,回收率达到 50.44% ~ 97.62%,35 mL 时回收率为 48.40% ~95.62 %,因此提取体积选择 30 mL 最为 合适。

9.2.2　色谱条件的优化

固定流动相 B 乙腈,优化流动相 A 水相。选择25 mmol/L 甲酸和 25 mmol/L 冰醋酸两种有机酸作为流动相进行优化,结果(见图 9 – 1)表明,使用 25 mmol/L 甲酸(A)、乙腈(B)作为流动相时,HAs 化合物具有良好的峰形。从目标物的分子结构分析,色谱柱是硅胶基质,低 pH 值有效抑制硅羟基的活性,减少拖尾,改善峰形,提高分离度。在 25 mmol/L 甲酸中,pH 较低,10 种 HAs 的分离效果好,峰形对称尖锐。

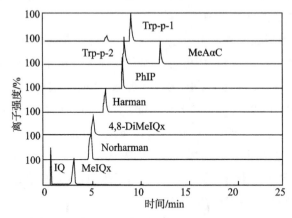

图 9 – 1　10 种 HAs 标准品的提取离子流色谱图(EIC)

9.2.3　质谱条件的优化

根据 HAs 的结构特性,选择正离子模式,10 种 HAs 在正离子反应模式下确定分子离子峰,再在电喷雾条件下对浓度为 200 ng/mL 的单标准品进行二级质谱分析,得到各自碎片离子,每种化合物选择 2 个信号最强的特征碎片离子作为子离子(见表 9 – 1)。

表 9 – 1　10 种 HAs 类化合物定性与定量特征离子及优化的质谱参数

化合物	保留时间/min	母离子/(m/z)	子离子/(m/z)	碰撞能量/eV
IQ	0.89	198.22	184.11 * 158.14	35 35
MeIQx	3.28	213.24	199.08 * 173.10	35 35
PhIP	8.39	224.26	210.10 * 183.14	35 35
4,8 – DiMeIQx	5.13	227.27	213.12 * 187.14	35 35
Harman	6.28	182.22	165.20 * 156.14	35 35
Norharman	5.10	169.19	151.10 * 141.00	35 35
AαC	9.15	183.2	167.03 * 157.12	35 35

续表

化合物	保留时间/min	母离子/(m/z)	子离子/(m/z)	碰撞能量/eV
MeAαC	12.33	197.24	181.00 *	35
			157.00	35
Trp – p – 1	10.28	211.31	195.10 *	35
			119.00	35
Trp – p – 2	8.40	197.29	181.00 *	35
			157.00	35

注:＊表示定量离子。

9.2.4 方法学评价

9.2.4.1 方法的线性方程、检出限和定量限

配制 HAs 质量浓度为 1、2、5、10、20、50、70、100、200 μg/L,以目标组分峰面积为纵坐标 Y,质量浓度为横坐标 X,描绘出标准曲线,得到线性方程、相关系数和线性范围。由表 9 – 2 可知,10 种标准品在 2 ~ 200 μg/L 范围内的线性关系良好,相关系数 $r > 0.990$。根据检出限(LOD)和定量限(LOQ)的测定方法,以稀释不同浓度的标准品检测仪器的灵敏性。LOD 基于色谱峰信噪比的 3 倍确定,LOQ 基于色谱峰信噪比的 10 倍确定,由表 9 – 2 可知:10 种标准品的检出限范围是 1.20 ~ 1.80 μg/L,定量限范围是 4.00 ~ 6.00 μg/L,且方法对目标组分 MeAαC、Norharman、AαC 的灵敏性更高。

表 9 – 2 10 种 HAs 化合物的线性范围、相关系数、检出限和定量限

化合物	线性范围/(μg/L)	线性方程	相关系数	检出限/(μg/L)	定量限/(μg/L)
IQ	2 ~ 200	$Y = 76.8459X + 7.89324$	0.9989	1.80	6.00
MeIQx	2 ~ 200	$Y = 562.087X + 3574.73$	0.9919	1.80	6.00
PhIP	2 ~ 200	$Y = 27.2461X - 84.9603$	0.9910	1.40	4.70
4,8 – DiMeIQx	2 ~ 200	$Y = 1658.99X + 8943.33$	0.9949	1.60	6.00
Harman	2 ~ 200	$Y = 1745.43X + 23745.4$	0.9922	1.40	4.70
Norharma	2 ~ 200	$Y = 2013.37X + 3898.16$	0.9984	1.20	4.00
AαC	2 ~ 200	$Y = 891.361X - 3981.98$	0.9907	1.30	4.30
MeAαC	2 ~ 200	$Y = 115.057X - 61.0533$	0.9988	1.20	4.00
Trp – p – 1	2 ~ 200	$Y = 177.016X - 171.982$	0.9994	1.90	6.33
Trp – p – 2	2 ~ 200	$Y = 76.8459X + 7.89324$	0.9992	1.40	4.70

9.2.4.2 方法的回收率和精密度

方法回收率在不含待测组分的空白酱卤鸡腿卤汤中添加测定,添加 3 个浓

度水平(10、20、50 μg/L)分别是 100 μL 体积混合标准液,每个水平平行测 6 次,结果见表 9-3。方法一和方法二的回收率分别是 46.5% ~ 92.8% 和 55.6% ~ 100.2%,相对标准偏差分别是 1.3% ~ 7.4% 和 1.4% ~ 6.4%。秦川研究得出 HAs 的回收率大于 40%,回收率在 30% ~ 350% 范围内波动。从实验数据结果看:回收率不是太高,可能因为试验是采用混合标品溶液配标,不是基质配标,没有消除样品基质对萃取回收率的干扰及仪器灵敏性的影响,以至于回收率偏低。

表 9-3　空白样品中 10 种 HAs 化合物在 3 个加标水平下的回收率和精密度($n=6$)

化合物	加标水平/(μg/L)		回收率/%		相对标准偏差/%	
	方法一	方法二	方法一	方法二	方法一	方法二
IQ	10	10	53.6	57.3	4.5	3.7
	20	20	58.7	67.6	3.6	4.3
	50	50	72.4	80.3	6.8	5.3
MeIQx	10	10	52.8	66.7	5.2	3.2
	20	20	66.9	72.3	3.4	5.3
	50	50	71.2	82.6	4.4	4.8
PhIP	10	10	78.3	79.5	7.4	4.2
	20	20	82.6	95.2	5.4	5.3
	50	50	92.8	100.2	5.2	5.2
4,8 - DiMeIQx	10	10	63.1	75.3	4.6	4.2
	20	20	77.2	79.3	2.9	3.2
	50	50	80.3	86.2	5.3	5.2
Harman	10	10	46.5	55.6	6.3	5.7
	20	20	58.3	59.3	2.3	6.2
	50	50	63.1	70.1	3.2	4.2
Norharman	10	10	63.1	76.1	3.2	4.2
	20	20	65.1	85.3	4.3	5.8
	50	50	78.2	97.3	2.9	2.4
AαC	10	10	65.3	79.2	3.6	5.3
	20	20	66.3	80.4	5.3	4.1
	50	50	75.3	93.2	3.1	1.8
MeAαC	10	10	56.3	68.1	2.4	1.4
	20	20	75.2	75.0	1.3	3.9
	50	50	89.4	83.5	4.1	5.7
Trp - p - 1	10	10	51.2	68.1	4.2	3.6
	20	20	55.4	78.2	5.2	5.3
	50	50	64.1	85.1	7.2	3.7
Trp - p - 2	10	10	58.4	68.1	1.6	4.7
	20	20	65.7	77.3	1.8	5.2
	50	50	77.1	90.4	5.6	6.4

从处理样品时间、方法回收率和仪器的类型分析,方法二更适合作为前处理方法。首先,方法二有较好回收率和精密度,适合样品的检测分析;其次,方法二前处理提取样品中杂环胺的操作简单、耗时短;最后超高效液相色谱—质谱对样品纯净度的要求没有高效液相色谱高,是通过质谱分析碎片离子来定性。因此,选择方法二作为老汤中 HAs 的前处理方法。

9.2.5　样品中 10 种 HAs 的含量

试验从(编号 A、B、C)3 家店铺中随机抽取 18 份样品进行卤汤中 HAs 的检测,试验第二批卤汤比第一批卤汤的循环次数约多 30 次。根据 8.2.1.2HAs 的提取方法,检测 A、B 和 C 家卤汤中 HAs 的含量。市场上不同批次老汤样品中的杂环胺测定结果如表 9-4 所示。

表 9-4　A 家老汤中 HAs 含量的测定　　　　　单位:ng/g

化合物	老汤(A)	
	批次 1	批次 2
IQ	$2.354 \pm 0.09a$	$9.910 \pm 0.03b$
MeIQx	nd	nd
4,8 - DiMeIQx	$0.797 \pm 0.05^{a*}$	$0.970 \pm 0.01^{a*}$
Harman	3.384 ± 0.15^{a}	5.492 ± 0.026^{b}
Norharman	5.914 ± 0.05^{a}	9.196 ± 0.16^{b}
AαC	$0.478 \pm 0.028^{a*}$	$0.657 \pm 0.04^{b*}$
Trp - p - 1	nd	nd
PhIP	5.361 ± 0.14^{a}	7.937 ± 0.32^{b}
Trp - p - 2	1.295 ± 0.07^{a}	1.464 ± 0.03^{a}
MeAαC	nd	nd
总含量	19.583	35.626

化合物	老汤(B)		老汤(C)	
	批次 1	批次 2	批次 1	批次 2
IQ	nd	0.586 ± 0.03	1.348 ± 0.05^{a}	1.943 ± 0.07^{b}
MeIQx	$0.726 \pm 0.04^{a*}$	1.318 ± 0.02^{b}	nd	nd
4,8 - DiMeIQx	2.758 ± 0.08^{a}	2.863 ± 0.32^{a}	2.158 ± 0.06^{a}	2.537 ± 0.08^{a}
Harman	4.769 ± 0.15^{a}	5.815 ± 0.18^{b}	1.389 ± 0.10^{a}	4.720 ± 0.17^{b}
Norharman	7.361 ± 0.13^{a}	19.936 ± 0.27^{b}	3.823 ± 0.24^{a}	10.457 ± 0.36^{b}
AαC	nd	nd	nd	nd

化合物	老汤（B）		老汤（C）	
	批次 1	批次 2	批次 1	批次 2
Trp－p－1	nd	nd	nd	nd
PhIP	1.180 ± 0.03^a	2.674 ± 0.07^b	nd	nd
Trp－p－2	0.315 ± 0.01^a *	0.594 ± 0.01^b *	nd	nd
MeAαC	nd	nd	nd	nd
总含量	17.109	33.786	8.718	19.657

注：*表示高于检出限而低于定量限；"nd"表示未检出；每行上标不同字母则表示差异显著（$P < 0.05$）。

A 家老汤中共检测出 7 种 HAs，批次 2 中 HAs 的总含量是批次 1 中 HAs 含量的 1.5 倍。与批次 1 相比，批次 2 中 Harman、IQ、Norharman、AαC、PhIP 和 Trp－p－2 的含量显著增加，特别是 Norharman 和 Harman 的含量是批次 1 的 1.6 和 1.7倍。B 家老汤共检测到 7 种 HAs，批次 2 比批次 1 中的 HAs 总含量高约 16.677 ng/g。批次 2 和批次 1 中 Norharman、PhIP、MeIQx、Trp－p－1 的含量差异显著（$P < 0.05$），呈现明显的增长趋势。而两批次的 4,8－DiMeIQx 差异不显著（$P > 0.05$），IQ 在批次 1 中未检出。C 家老汤中共检测出 4 种 HAs，批次 2 中 HAs 的总含量比批次 1 高 10.939 ng/g。批次 2 中 Harman、Norharman 的含量是批次 1 的 3倍。批次 1 中 MeIQx、PhIP、Trp－p－2、MeAαC 分别与批次 2 的含量差异显著（$P < 0.05$）。

Harman 和 Norharman 在 3 家老汤店铺中都检测到，在批次 2 时变化分别为 5.914~7.823 ng/g、5.914~19.936 ng/g，两种 HAs 化合物的总含量占全部 HAs 总含量的 50%~75%。Harman 和 Norharman 根据不同加工方式形成的含量不相同，潘晗研究了不同地区中 Harman 和 Norharman 的含量变化，结果表明所有的样品中都检测到 Harman 和 Norharman，并且酱卤肉制品中杂环胺的含量比腌腊肉制品中含量高，加工方式对其产生了影响。郭海涛研究了羊肉饼在不同加工方式下杂环胺的变化规律，得出酱卤羊肉样品中 Harman 和 Norharman 的比重最大，酱卤羊肉中总杂环胺的含量可达到 101.78 ng/g，其次为烘烤（10.47 ng/g）、油炸（7.3 ng/g）和煎炸（6.04 ng/g）。Szterk 的研究发现相似的结果，Harman 和 Norharman 的含量占总含量的 68%~85%；Harman 和 Norharman 在低温和高温条件下都易生成。PhIP 在批次 2 的变化范围是 2.674~7.937 ng/g，含量仅次于 Norharman 和 Harman，在 A 家卤汤中占 HAs 总含量的 25%。有研究证明 PhIP 占 HAs 总含量的比例最高。

　　由 3 家摊点杂环胺含量的抽检结果可以看出,批次 2 检测出 HAs 的种类、总含量高于批次 1,根据调查获知批次 2 老汤比批次 1 老汤的循环次数约多 30 次,这说明老汤使用次数的增加,导致 HAs 含量增加,其安全隐患增加。本研究对农贸市场 3 家摊点酱卤鸡腿中的杂环胺含量进行测定,发现所有样品含有杂环胺,而且杂环胺总含量在批次间的差异相对较大,含量相对较高,这很可能是因为农贸市场上的酱卤熟制工序不稳定,或不能定期清理老汤中的杂质。

　　本研究优化和选择了 SPE - UPLC - MS/MS 的方法来检测酱卤鸡腿老汤中 10 种 HAs 的含量。在农贸市场上随机选取 3 家的老汤,并分两批次进行调查研究杂环胺的含量,结果表明,HAs 的总含量最高可达 33.786 ng/g,共可以检测出 8 种 HAs,分别是 IQ、MeIQx、PhIP、4,8 - DiMeIQx、Harman、Norharman、Trp - P - 2、AαC,其中 Harman 和 Norharman 在 3 家老汤中都检测出来,含量占杂环胺总含量的 40% ~ 70% ,说明 Harman 和 Norharman 在酱卤冷鲜鸡肉制品的老汤中容易生成,则更需要关注这两种杂环胺在酱卤冷鲜鸡肉制品老汤中的形成规律,为研究酱卤冷鲜鸡肉制品老汤中 HAs 的抑制措施提供依据。

9.3　传统酱卤肉制品中杂环胺的含量研究

　　肉制品经高温或长时间加热下很可能会产生 HAs 类化合物。它具有明显的致突变性,危害人体健康,在肉品加工与质量安全研究领域受到广泛关注。目前已有超过 25 种的 HAs 被检测出来。不同国家和地区的肉制品加工特色不同,消费者的烹饪方式习惯不同,肉制品中 HAs 的种类和含量也各不相同。为建立可靠的数据库评估肉制品中 HAs 摄入量对某些疾病发生的影响,有必要研究常见传统肉制品中 HAs 的特点。

　　廖国周等用 HPLC 法测定了烤鸭、烤羊肉、烧鸡、卤牛肉和肉松 5 种传统肉制品中 HAs,结果表明,在 5 种肉制品中检测出 6 种非极性杂环胺,且不同的肉制品中杂环胺的种类与含量不同。彭增起等研究了烧鸡和牛肉干中 HAs 的含量,检测发现牛肉干中 HAs 总含量为 16.65 ~ 60.38 ng/g;与冷鲜鸡肉相比,烧鸡鸡皮中的 HAs 含量最多,尤其是 Norharman、Harman 和 PhIP,分别为 3.06ng/g、1.08ng/g 和 7.04 ng/g。潘晗等调查研究了国内不同地区的各种肉制品中 9 种 HAs 的含量,结果表明,华东地区和西北地区的肉制品中总 HAs 含量显著高于其他地区。为了进一步分析市售传统肉制品中 HAs 的特点,本研究通过随机抽取个人摊点、超市、专售店中不同种类的肉制品,调查传统肉制品的工序,通过应用高效液相色谱检测市售传统肉制品中 9 种 HAs 含量,旨在了解市售传统肉制品的安全性,给消费者合理食用传统肉制品提供一定的理论参考,同时为传统肉制品的安全性评估提供依据。

9.3.1 传统肉制品化学成分

肉的主要化学成分包括蛋白质、脂肪、水分和灰分。蛋白质是 HAs 生成的重要前体物质,蛋白质和氨基酸裂解生成氨基咔啉 HAs 类物质。由表 9 - 5 可知,不同肉制品中蛋白质含量存在显著差异($P < 0.05$)。在同种类肉制品中,酱卤烧鸡、酱卤鸡腿、叫花鸡蛋白质含量分别为 23.95 g/100 g,22.14 ~ 24.65 g/100 g,21.14 g/100 g,酱卤鸡腿中蛋白质的含量最高($P < 0.05$)。Liao 等研究了油煎、油炸、木炭烤制、电热对鸡胸脯肉中蛋白质含量的影响,结果显示,不同加工方式的冷鲜鸡肉,蛋白质含量各不相同,并且木炭烤制肉制品的蛋白质含量最高。

表 9 - 5　传统肉制品的化学组成成分

肉种类	蛋白质/(g/100g)	脂肪/(g/100g)	水分/(g/100g)	灰分/(g/100g)
酱卤鸡腿 A	23.43 ± 1.18[de]	7.35 ± 0.77[l]	64.30 ± 0.25[cd]	2.60 ± 0.18[cd]
酱卤鸡腿 B	24.65 ± 1.17[cd]	4.46 ± 0.38[nop]	60.50 ± 0.18[ef]	2.57 ± 0.16[cd]
酱卤鸡腿 C	22.14 ± 0.99[cef]	5.67 ± 0.75[lm]	62.73 ± 0.09[cde]	2.31 ± 0.05[cdef]
卤猪臀肉 A	19.00 ± 1.05[lg]	26.08 ± 0.68[a]	48.38 ± 0.34[m]	1.19 ± 0.14[ef]
卤猪臀肉 B	16.91 ± 0.69[m]	24.86 ± 0.73[ab]	49.37 ± 0.07[gm]	1.63 ± 0.01[ef]
卤猪臀肉 C	17.17 ± 0.88[lm]	23.39 ± 0.36[ab]	49.60 ± 0.09[gm]	0.86 ± 0.05[g]
五香牛肉 A	19.98 ± 1.27[gl]	3.26 ± 0.12[qp]	70.54 ± 0.12[a]	5.05 ± 0.06[a]
五香牛肉 B	18.81 ± 1.05[lm]	3.87 ± 0.12[pq]	65.82 ± 0.13[bc]	4.98 ± 0.11[a]
五香牛肉 C	19.42 ± 0.91[gl]	3.01 ± 0.24[qp]	67.7 ± 0.09[b]	4.53 ± 0.25[a]
香辣鸭腿 A	26.46 ± 0.65[bc]	9.89 ± 1.35[g]	51.6 ± 0.15[fgl]	2.88 ± 0.13[cde]
香辣鸭腿 B	25.87 ± 1.24[cd]	11.68 ± 1.27[ef]	50.60 ± 0.13[flm]	2.19 ± 0.22[def]
香辣鸭腿 C	28.72 ± 2.18[abc]	12.32 ± 0.61[def]	53.45 ± 0.21[f]	1.84 ± 0.43[def]
卤猪蹄 A	17.16 ± 1.04[lm]	16.71 ± 1.25[c]	58.10 ± 0.18[e]	2.85 ± 0.12[cde]
五香鸡翅根 C	17.45 ± 1.12[lm]	7.78 ± 0.36[l]	64.30 ± 0.25[cd]	2.86 ± 0.23[cde]
五香兔腿肉 A	29.22 ± 0.93[a]	5.46 ± 1.30[lm]	61.76 ± 0.12[d]	2.18 ± 0.13[def]
酱卤烧鸡 A	23.95 ± 1.13[de]	11.34 ± 0.72[f]	52.93 ± 0.27[fg]	4.27 ± 0.36[ab]
闹汤驴肉 B	20.99 ± 1.47[gl]	3.63 ± 0.24[pq]	70.91 ± 0.28[a]	3.26 ± 0.17[abc]
叫花鸡 A	21.14 ± 1.15[fg]	10.23 ± 0.56[g]	58.61 ± 0.90[e]	2.72 ± 0.48[cde]
烤全鸭 A	24.87 ± 0.84[cd]	14.68 ± 0.47[d]	52.60 ± 0.13[fg]	2.19 ± 0.10[def]

注:A 代表个人摊点;B 代表超市;C 代表专售店;每行上标不同字母则表示差异显著($P<0.05$)。

　　在 11 种肉制品中,禽肉制品中的酱卤烧鸡比叫花鸡脂肪含量高 1.34 g/100 g,这可能是因为叫花鸡烤制过程涂油上色,油环绕在肉制品周围,以致总脂肪含量比较高,相比较酱卤鸡腿,在卤煮过程中,脂肪溶出比较多,汤中可以检测到较高脂肪含量。刘登勇等研究扒鸡加工过程中的指标变化规律,得出扒鸡在油炸后,脂肪含量显著上升,这与加工工序密切相关。而卤煮过程中,鸡腿经长时间加热,结缔组织膜收缩,与内部熔融的膨胀脂肪相互作用,从而产生破裂,使脂肪流出。

　　由表 9-5 可知,不同的肉制品水分含量之间存在差异($P<0.05$),同种类冷鲜鸡肉制品中,酱卤鸡腿、叫花鸡水分含量分别为 60.50 ~ 64.30 g/100 g、58.61 g/100 g,两者的水分含量差异显著。牛肉的含水率明显高于猪肉制品($P<0.05$)。而 11 种传统肉制品中灰分含量存在差异($P<0.05$),同种类肉差异不明显,牛肉中灰分含量最高,达到 5.05 g/100 g。

9.3.2　不同购买来源肉制品中 HAs 的含量

　　从表 9-6 可知,不同采样来源肉制品中 HAs 的含量各不相同。个人摊点中取样的 HAs 比超市和专售店中 HAs 含量高,并且 Norharman 和 Harman 在各种肉制品都可检测到。在个人摊点购买的酱卤鸡腿、香辣鸭腿和五香牛肉中,HAs 的含量比较高,可能是个人摊点肉制品的加工条件(温度、时间)对 HAs 产生了影响,没有严格调控加工工序。而酱卤猪臀肉在个人摊点中含量低于专售店采样的杂环胺含量,可能是不同的加工条件对其产生影响,也可能是在个人摊点取样的猪臀肉中脂肪含量高,阻挡了杂环胺的形成和迁移,有研究证明脂肪含量可影响杂环胺的形成。

表 9-6　不同购买来源中肉制品中 HAs 的含量　　　　　单位:ng/g

肉的种类	采样	Harman	Norharman	Trp-p-1	Trp-p-2
	A	0.427 ± 0.101	2.183 ± 0.257	0.216 ± 0.032	nd
酱卤鸡腿	B	0.218 ± 0.094	2.670 ± 0.281	nd	nd
	C	0.113 ± 0.068	1.703 ± 0.164	nd	nd
	A	0.382 ± 0.050	1.274 ± 0.233	1.319 ± 0.237	nd
五香牛肉	B	0.524 ± 0.067	0.711 ± 0.102	0.594 ± 0.045	nd
	C	0.152 ± 0.041	0.105 ± 0.021	0.523 ± 0.203	nd

肉的种类	采样	Harman	Norharman	Trp - p - 1	Trp - p - 2
香辣鸭腿	A	0.471 ± 0.092	2.218 ± 0.210	1.853 ± 0.309	nd
	B	0.591 ± 0.049	0.927 ± 0.161	1.005 ± 0.283	nd
	C	0.188 ± 0.210	1.709 ± 0.314	1.602 ± 0.352	nd
卤猪臀肉	A	0.987 ± 0.128	1.784 ± 0.382	0.576 ± 0.068	nd
	B	0.262 ± 0.036	1.532 ± 0.325	nd	nd
	C	0.759 ± 0.156	10.365 ± 0.902	nd	nd

肉的种类	采样	4,8 - MeIQx	IQ	AxC	MeIQx	PhIP	总和
酱卤鸡腿	A	nd	nd	0.816 ± 0.157	nd	nd	3.642
	B	nd	nd	0.424 ± 0.340	nd	nd	3.312
	C	nd	nd	0.718 ± 0.153	nd	nd	2.534
五香牛肉	A	nd	0.672 ± 0.124	0.429 ± 0.057	nd	nd	4.076
	B	nd	nd	nd	nd	nd	1.829
	C	nd	0.420 ± 0.601	0.354 ± 0.089	nd	nd	1.554
香辣鸭腿	A	nd	7.437 ± 0.625	nd	nd	nd	11.979
	B	2.063 ± 0.183	nd	nd	nd	nd	4.586
	C	nd	6.754 ± 0.719	nd	nd	nd	10.253
卤猪臀肉	A	nd	nd	nd	nd	nd	3.347
	B	nd	nd	nd	nd	nd	1.794
	C	nd	nd	nd	nd	nd	11.124

注：A 代表个人摊点；B 代表超市；C 代表专售店；"nd"表示杂环胺处于检出线以下。

9.3.3 不同加工工序下肉制品中 HAs 的含量

表 9 - 7 可以看出,不同加工工序下杂环胺的含量各不相同,酱卤工序中 HAs 的检出量比烤制、卤煮—烤制含量低。酱卤加工工序中闹汤驴肉和卤猪臀肉的含量分别达到 0.965 ng/g 和 1.305 ng/g,油炸—卤煮加工工序中,HAs 含量最高的是香辣鸭腿,达到 7.452 ng/g。卤煮—烤制中五香鸡翅根的 HAs 含量达到 13.397 ng/g,叫花鸡 HAs 含量达到 12.81 ng/g,油炸—卤煮和烤制工序下 HAs 含量高,烤制和油炸工序中肉制品与热源接触,高温下水分损失大,导致 HAs 在表面生成,也可能是肌肉的表面形成美拉德反应产物,使自由基产生,促进 HAs 的形成。

表9-7 不同加工工序下肉制品中杂环胺的含量 单位:ng/g

加工工序	肉制品	Harman	Norharman	Trp-p-1	Trp-p-2
酱卤	卤猪臀肉	0.340±0.085	0.965±0.840	nd	nd
	闹汤驴肉	0.151±0.056	0.673±0.147	0.292±0.023	nd
	五香牛肉	0.352±0.088	0.696±0.139	0.812±0.072	nd
油炸— 卤煮	鸡腿	0.206±0.042	0.834±0.102	nd	nd
	酱卤烧鸡	0.116±0.024	1.704±0.158	nd	nd
	香辣鸭腿	0.416±0.106	1.618±0.250	1.487±0.245	nd
卤煮— 烤制	五香兔腿肉	0.101±0.062	2.386±0.146	nd	nd
	五香鸡翅根	0.758±0.135	12.302±0.557	nd	nd
	卤猪蹄	0.759±0.048	10.365±0.331	nd	nd
烤制	叫花鸡	0.380±0.034	1.431±0.124	0.856±0.094	6.237±0.411
	烤鸭	0.726±0.142	3.615±0.303	0.315±0.045	0.634±0.162

加工工序	肉制品肉	4,8-MeIQx	IQ	AxC	MeIQx	总含量
酱卤	卤猪臀肉	nd	nd	nd	nd	1.305
	闹汤驴肉	nd	nd	nd	nd	0.965
	五香牛肉	nd	0.364±0.034	0.261±0.031	nd	3.625
油炸—卤煮	鸡腿	nd	1.042±0.201	0.460±0.080	nd	2.542
	酱卤烧鸡	nd	nd	nd	nd	1.82
	香辣鸭腿	nd	5.418±0.415	nd	nd	7.452
卤煮—烤制	五香兔腿肉	nd	nd	nd	nd	2.487
	五香鸡翅根	nd	nd	0.337±0.027	nd	13.397
	卤猪蹄	nd	nd	nd	nd	11.124
烤制	叫花鸡	2.742±0.317	1.164±0.202	nd	nd	12.81
	烤鸭	0.856±0.294	0.972±0.147	nd	nd	7.118

注:"nd"表示杂环胺处于检出线以下。

不同加工工序中都检测到 Norharman 和 Harman,烤制工序中检测到 Trp-p-1、Trp-p-2、4,8-MeIQx、IQ,在油炸—卤煮工序中检测到 Trp-p-1 和 IQ,可能是油炸或者烤制温度较高,影响了杂环胺种类的形成。Liao 研究了煎炸、烤制、微波和沸水浴加热4种加工方式对鸭肉中 HAs 生成方式的影响,发现煎鸭肉中 HAs 含量最高,其次是炸烤,最后是微波和煮沸,并且炸烤下杂环胺的种类比煮沸加工工序中杂环胺的种类多。Fei Lu 和 Gunter 调查了美国市场上的11种速食食品中 HAs 的含量,得出烤制冷鲜鸡肉中 HAs 的含量最高。RAZA 研究了不同加工方式对 HAs 含量的影响,研究得出木炭烤制生成的 HAs 含量最高,并且 Norharman 和 Harman 两种杂环胺在冷鲜鸡肉、牛肉、羊肉通过四种熟制方式中都可检测到。

9.3.4　冷鲜鸡肉制品中鸡皮和冷鲜鸡肉中 HAs 的含量

从表 9 - 8 可知,酱卤烧鸡、叫花鸡和酱卤鸡腿中蛋白质和脂肪含量差异显著,灰分差异不显著,水分含量在叫花鸡中差异显著,酱卤烧鸡和酱卤鸡腿差异不显著($P < 0.05$)。冷鲜鸡肉(不带皮)中蛋白质含量比鸡皮中高,冷鲜鸡肉(不带皮)的脂肪比鸡皮中低。叫花鸡中水分差异显著,相比酱卤烧鸡水分含量高,这可能是因为叫花鸡皮外面包裹玻璃纸,进行高温烤制时水分损失量少。

表 9 - 8　冷鲜鸡肉制品中皮和肉中化学组分和 HAs 的含量

冷鲜鸡肉制品	蛋白质/ (g/100 g)	脂肪/ (g/100 g)	水分/ (g/100g)	灰分/ (g/100 g)	HAs 总含量/ (ng/g)
叫花鸡(A)					
冷鲜鸡肉(不带皮)	26.78 ± 0.96^a	4.52 ± 0.32^e	55.23 ± 0.96^c	2.69 ± 0.34^b	9.149
鸡皮	14.43 ± 0.78^e	18.75 ± 0.85^a	61.15 ± 1.37^a	2.77 ± 0.14^b	13.350
皮 + 肉	21.14 ± 1.15^c	10.23 ± 0.56^{bc}	58.61 ± 0.90^b	2.72 ± 0.48^b	12.810
酱卤鸡腿(A)					
冷鲜鸡肉(不带皮)	26.31 ± 1.47^a	3.34 ± 0.75^e	63.14 ± 1.26^a	2.65 ± 0.28^b	1.356
鸡皮	15.83 ± 0.96^d	10.76 ± 0.59^b	64.35 ± 1.06^a	2.75 ± 0.26^b	3.767
皮 + 肉	23.43 ± 1.18^{ef}	7.35 ± 0.77^c	64.30 ± 0.25^a	2.60 ± 0.18^b	3.166
酱卤烧鸡(A)					
冷鲜鸡肉(不带皮)	27.32 ± 1.17^c	5.47 ± 0.91^d	52.45 ± 0.85^d	4.16 ± 0.17^a	1.547
鸡皮	14.45 ± 0.98^{ef}	19.45 ± 0.94^a	53.16 ± 1.85^c	4.25 ± 0.10^a	2.359
皮 + 肉	23.95 ± 1.13^{ef}	11.34 ± 0.72^b	52.93 ± 0.27^d	4.27 ± 0.36^a	1.820

注:A 代表个人摊点,每行上标不同字母则表示差异显著($P < 0.05$)。

此外,酱卤鸡腿、酱卤烧鸡和叫花鸡中鸡皮的 HAs 检测量比肉中含量高,分别是肉中的 2.7、1.5、1.5 倍。酱卤鸡腿中 HAs 的含量最低,水分含量最多,可能与加工方式存在关系,肉制品在高温条件下容易生成 HAs,而酱卤鸡腿加工温度一般在 100℃,温度相对低,通过水溶液传递温度,不是直接与热源接触,HAs 生成量低;叫花鸡中 HAs 含量高,可能是因为皮直接接触热源,水分迅速减少,加剧 HAs 形成速度和数量,也有研究表明皮中的 HAs 含量高于肉中的 HAs 含量,可能是因为皮暴露在高温下,表面温度远远高于内部温度。Wang 研究了反式脂肪和 HAs 的关系,得出水分的含量和 HAs 的含量有关,在油煎条件下,水耗可以降低 HAs 的形成。Oz 研究冷鲜鸡肉中皮和肉的差异,得出皮中的 HAs 是肉中的 3 倍。Solyakov 和 Skog 研究冷鲜鸡肉制品不同的加工方式,冷鲜鸡肉制品 100℃ 条件下煮制 240 min,PhIP、IQ、MeIQ、Iqx、8 - MeIQx、7,8 - DiMeIQx、4,8 - DiMeIQx 都处于检测线以下,可能是因为煮制温度低,不利于 HAs 生成。Liao 等研究了油煎—卤煮中 HAs 含量,在油煎 4 min 时 Norharman 在肉中含量为 1.01 ng/g、皮中含量为 4.02 ng/g,Harman 在肉中含量为 0.26 ng/g,皮中含量为 0.87 ng/g。

本次对个人摊点、超市和专售店售卖的 11 种肉制品进行调查研究发现,与超市和专售店相比,个人摊点肉制品中 HAs 的含量相对较高。不同加工工序都产生了杂环胺,其中酱卤和油炸—酱卤中 HAs 的含量较少,烤制冷鲜鸡肉中 HAs 含量最高,检出量达到了 13.397 ng/g。皮中 HAs 的含量明显高于肉中(不带皮) HAs 检出量,酱卤鸡腿皮中 HAs 检出量是冷鲜鸡肉内部中 HAs 检出量的 2.5 倍,叫花鸡中的 HAs 检出量最高,皮和肌肉中的 HAs 检出量分别是 13.350 ng/g 和 9.149 ng/g。虽然 HAs 的含量处于 ng 级,但是危险性不容忽视,建议消费者在食用肉制品时,尽量少吃烤制肉制品或去皮食用,从而有效降低 HAs 带来的危害。另外,为了预防传统肉制品中杂环胺的形成,其加工关键技术需要进一步研究调控。

9.4　加工工序对鸡腿中品质特性和杂环胺形成影响

冷鲜鸡肉制品是我国第二大肉制品种类,因其脂肪含量低、蛋白质含量丰富,深受消费者喜爱。其加工工序多种多样,其中酱卤工序成为其中主要的加工方式,根据不同地区和风土人情的特点,形成了独具地方特色的传统酱卤制品,深受广大消费者的欢迎。然而,不同地方特色熟制的酱卤冷鲜鸡肉制品除了影响营养价值外,熟制方式也可能导致有害化学物质的生成。目前流行病学研究表明:各种癌症例如直肠癌、胃肠道癌和前列腺癌等与食用过量经高温或长时间熟制的肉制品中的杂环胺有一定的关系,杂环胺成为致癌物质的诱变剂,已经证明杂环胺是黄曲霉毒素 B_1 的 100 多倍,苯并芘的 2000 多倍。国外研究主要集中在油炸和烤制工序上杂环胺的变化规律,很少研究酱卤制品。国内研究传统酱卤肉制品中不同加工方式下杂环胺的形成较少,主要集中在油炸冷鲜鸡肉、鸭肉和牛肉,并未研究不同酱卤工序对冷鲜鸡肉制品的品质和杂环胺含量的影响。

根据市场消费的调查研究,酱卤鸡腿的卤煮工序分成三种:酱卤法,解冻沥干的鸡腿,放入已经预煮的卤汤中,熟制后取出,颜色为金黄色;油炸—卤煮法,鸡腿解冻沥干,放入油中预炸(3～5 min)后,取出沥干,再放入卤汤中熟制后取出;卤煮—油炸法,是先卤煮,随后取出油炸(3～5 min),再沥干。

不同的卤煮方式对鸡腿的品质特性产生影响,据报道,熟制方式、pH 值、自由氨基酸、肌酸、蛋白质都与杂环胺有相关性,由于杂环胺化合物的形成和熟制方式有关,国内外数据库中还没有涉及酱卤冷鲜鸡肉制品中不同熟制工序下杂环胺的含量变化,对肉类数据库中评估杂环胺含量、确定种类和评价营养价值之间的关系有重要的影响。因此,本研究主要探究酱卤鸡腿中品质的变化,并且应用超高效液相色谱—串联质谱(UPLC - MS/MS)方法测定酱卤鸡腿中杂环胺含量,研究品质和杂环胺含量的相关性,同时对消费者选择合理酱卤工序的肉制品有重要意义。

9.4.1 不同加工工序对鸡腿中蛋白质含量影响

蛋白质是杂环胺重要的前体物质,蛋白质和氨基酸裂解生成氨基咔啉杂环胺类物质。由图 9 - 2 可知,不同加工工序方式下蛋白质含量差异显著($P <$ 0.05)。

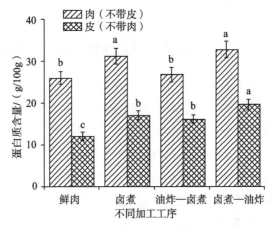

图 9 - 2　不同加工工序中蛋白质的含量变化

相比较鲜肉,不同工序中蛋白质的含量在升高,卤煮工序和卤煮—油炸工序中蛋白质含量高,油炸—卤煮工序蛋白质含量低。加工工序对蛋白质的含量产生影响,也可能与水分的损失相关。从图 9 - 2 可知,油炸—卤煮中蒸煮损失率最低,蛋白质的相对含量变低。Liao 等人研究了油煎、油炸、木炭烤制、电热对鸡

胸脯肉中蛋白质含量的影响,结果显示不同的加工方式,蛋白质含量各不相同,并且木炭烤制下蛋白质含量最高。Szterk 等从杂环胺形成的前体物角度研究了不同部位牛肉的化学成分(氨基酸、含氮基质、核苷、葡萄糖、蛋白质)与烤制牛肉形成杂环胺的种类和含量的相关性,结果表明原料肉中的嘧啶、嘌呤、含氮基质、核苷与杂环胺的形成含量显著相关,相关系数在 0.78 ~ 0.99。

9.4.2　不同加工工序对鸡腿中色泽的影响

由表 9 – 9 可以看出,卤煮后的鸡腿与鲜鸡肉相比,不同工序下鸡皮中亮度值 L^* 均下降,红度值 a^* 升高,黄度值 b^* 升高,冷鲜鸡肉中的亮度值 L^* 均上升,a^* 无明显变化,b^* 显著升高。与其他工序相比,鸡腿在卤煮—油炸工序中皮中 L^* 值最低,可能和油炸工序有关,油炸温度过高导致肉内保水性迅速降低,表面的反射率降低。红度值 a^* 在皮中变化显著,其中油炸—卤煮工序中 a^* 最高。红度值 a^* 在酱卤鸡腿肉中,各种加工工序波动不大。黄度值 b^* 在酱卤鸡腿肉中变化显著升高,各加工工序差异不显著,黄度值 b^* 在皮中变化显著,油炸—卤煮和卤煮工序显著提高,而卤煮—油炸工序无显著变化。

表 9 – 9　不同加工工序下鸡腿中色差值变化

部位	色泽	鲜肉	卤煮	油炸—卤煮	卤煮—油炸
皮	L^*	77.944 ± 0.221^a	35.413 ± 0.196^b	32.323 ± 0.525^b	24.052 ± 0.670^c
	a^*	3.474 ± 0.267^d	14.230 ± 0.242^b	16.857 ± 0.120^a	7.642 ± 1.354^c
	b^*	5.106 ± 0.316^c	18.976 ± 0.464^b	20.757 ± 1.025^a	4.305 ± 1.543^c
	ΔE		46.010	50.053	54.058
肉	L^*	49.783 ± 0.524^c	61.010 ± 1.165^a	55.630 ± 1.934^b	56.430 ± 2.865^b
	a^*	9.350 ± 0.518^b	9.650 ± 1.120^b	12.167 ± 0.604^a	11.760 ± 1.176^a
	b^*	11.447 ± 0.534^b	25.737 ± 1.389^a	22.233 ± 2.145^a	25.877 ± 1.132^a
	ΔE		18.175	12.588	16.070

注:每行上标不同字母则表示差异显著($P < 0.05$)。

由图 9 – 3 可以看出,卤煮—油炸工序中皮的 ΔE 最高,卤煮工序 ΔE 的变化最低。肉(不带皮)中油炸—卤煮工序下 ΔE 最低,这可能和油炸工序相关,加工过程中发生美拉德反应生成类黑色素的物质,使表皮颜色变暗,研究表明,自由基反应参与美拉德反应,并且参与杂环胺的形成。Liao 研究了 ΔE 和杂环胺的含量,随着卤煮次数增加、温度升高,ΔE 升高,但是成正比关系是有条件的,并且表明色泽的变化不能直接评估杂环胺的含量。必须综合考虑取样的位置。

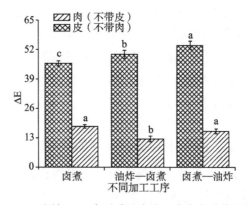

图 9-3　不同加工工序对鸡腿中皮和肉中色差值的影响

9.4.3　不同加工工序对鸡腿中水分含量和蒸煮损失率的影响

从图 9-4 中可知,卤煮—油炸工序中蒸煮损失率最高为 42 g/100g,油炸—卤煮工序中蒸煮损失率最低为 22 g/100g,卤煮—油炸的损失率是油炸—卤煮的 2 倍,这可能是卤煮后,部分游离水未全部溶出,在高温油炸(175~180℃)条件下保水性急剧下降。工序顺序的不同,结果差异显著。油炸—卤煮工序中蒸馏损失最低,可能是冷鲜鸡肉表面在接触高温(175~180℃)时,表面水分迅速减少,表面发硬,内部蛋白质未变性,外部冷鲜鸡肉表面形成一层脂肪层,可阻挡一部分水分损失。张素君研究加工工序对冷鲜鸡肉品质的影响得出,油炸后原料外面形成一种保护膜,阻止了蛋白质、脂肪、维生素、无机盐等营养成分的流失或破坏。Liao 等人研究了不同卤煮时间、油炸时间、油炸温度下蒸煮损失率的变化,得出蒸煮损失率随着卤煮时间延长、油炸温度升高,损失率在增加,不同加工条件下,油炸工序的蒸煮损失率最高。

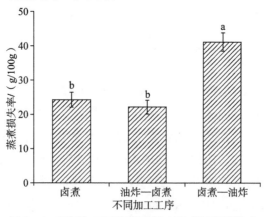

图 9-4　不同加工工序对鸡腿中蒸煮损率的影响

　　水分是肉制品重要的组成成分,其相对含量不仅影响着肉的品质,同时也反映了加工工序对肉制品的影响。由图9−5可知,在不同加工工序下,酱卤鸡腿皮中和肉中的水分含量差异显著($P<0.05$),在酱卤鸡腿(肉)中卤煮、油炸—卤煮和卤煮—油炸工艺下水分含量分别是62.95、60.00和53.96 g/100 g,卤煮—油炸工序下水分最低,可能是油炸温度高,降低了结合水含量。sosa − Morales研究油炸猪肉的品质,结果表明油炸过程中可脱去水分。在不同加工工序下,卤煮—油炸工艺下皮中的水分含量最低,为18.044 g/100 g,油炸—卤煮工艺下皮中的水分含量最高,达到45.035 g/100g,可能是油炸温度高,表面水分损失,油入侵内部,并且阻挡内部水分损失,再通过卤煮后,水分在鸡皮和冷鲜鸡肉中相互渗透,导致水分含量高。

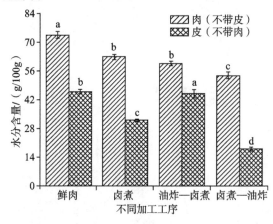

图9−5　不同加工工序对鸡腿中皮和肉中水分的影响

9.4.4　不同加工工序对鸡腿中肌酸和肌酸酐含量的影响

　　肌酸和肌酸酐是杂环胺化合物生成的前体物质,由图9−6可知,鲜肉和不同加工工序下熟制鸡腿中肌酸和肌酸酐含量差异显著,其中鲜肉(肉)中肌酸含量最高,加热后酱卤鸡腿肉中肌酸含量显著降低,三种不同加工工序下,卤煮—油炸工序下肌酸含量最低。鲜肉(皮)中肌酸含量为0.498 mg/g,卤煮后,卤煮工序下鸡腿皮中肌酸含量高于鲜肉(皮)中。油炸—卤煮和卤煮—油炸工序下皮中肌酸低于鲜肉皮中肌酸含量,并且油炸—卤煮和卤煮—油炸工序差异不显著($P<0.05$)。肌酸酐在鲜肉(肉)中未被检出,皮中含量为0.041 mg/g,卤煮后,肌酸酐含量显著升高,并且卤煮—油炸(肉)中肌酸酐含量最高。卤煮后肌酸转化为肌酸酐,廖国周研究表明,随着卤煮时间、温度增加,肌酸含量减少,肌酸酐

含量增加,肌酸和肌酸酐的变化与加热温度、卤煮时间有关。与鲜肉相比,肌酸、肌酸总和(肉 + 皮)的含量减少,可能是因为卤煮过程溶入卤汤和生成杂环胺物质。

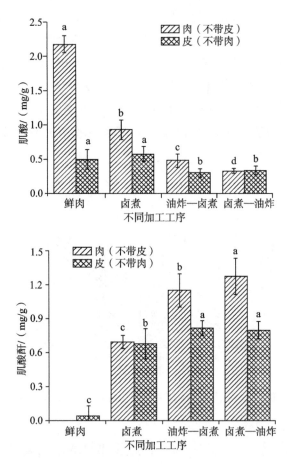

图9 - 6　不同加工工序对鸡腿中皮和肉中肌酸和肌酸的影响

9.4.5　不同加工工序对鸡腿中杂环胺含量的影响

由表9 - 10可知,不同加工工序中,卤煮—油炸工序生成的杂环胺含量最高,卤煮工序生成的最少,皮中杂环胺的含量明显高于肉中杂环胺的含量,所有样品都检测出 Norharman 和 Harman 两种杂环胺。在卤煮—油炸和油炸—卤煮工序中检测到 Trp - p - 1、Trp - p - 2 和 PhIP,卤煮工序中并未检测到,可能是因为在高温中容易生成,油炸温度比较高(175 ~ 180℃),而卤煮温度相对低。liao 研究了炖鸡中杂环胺的变化,得出在油炸(1、2、4、8 min)中 Trp - p - 1 含量最高,为

2.25 ng/g,炖制 2 h 后含量为 2.81 ng/g,而 Trp – p – 1 在炖制 2 h 后含量为 1.37 ng/g,Norharman 和 Harman 在所有的样品中都被检测到。

表 9 – 10　不同加工工序对鸡腿中皮和肉中杂环胺含量的影响　　单位:ng/g

卤煮工序	品类	Norharman	Harman	Trp – p – 2	Trp – p – 1	PhIP	杂环胺总量
卤煮	皮(不带肉)	0.887	1.210	0.259	nd	nd	2.356
	肉(不带皮)	0.346	0.771	nd	nd	nd	1.117
油炸—卤煮	皮(不带肉)	1.904	1.913	1.227	0.921	0.682	6.647
	肉(不带皮)	1.043	0.905	0.876	nd	nd	2.824
卤煮—油炸	皮(不带肉)	2.289	1.741	1.541	0.614	1.784	7.969
	肉(不带皮)	1.623	1.672	0.547	nd	0.859	4.701

注:“nd”表示处于检出限以下。

9.4.6　相关性分析

三种不同加工工序下的蛋白质、ΔE、蒸煮损失率、肌酸酐和不同加工工序中杂环胺的含量趋势相同。ΔE(皮)中成正相关,其原因可能是油炸温度高,ΔE 差异显著,可能是油炸时发生美拉德反应,生成棕黑色的物质,所以在卤煮—油炸工序中 ΔE 比较大。在肉中肌酸和水分含量与杂环胺含量成负相关,分别是 0.912 和 0.972,水分含量成负相关,可能是油炸过程中油脂同食品原料中水分接触发生水解,在高温下产生水蒸气,带走水分。但有研究表明,油炸处理后,杂环胺的含量明显比低温卤煮工序处理后多。由表 9 – 11 可知,在不同的加工工序下,蛋白质、ΔE、水分含量均与酱卤鸡腿(皮)中杂环胺含量成正相关关系,肌酸与杂环胺含量成负相关关系。且在鸡腿皮中,肌酸酐和 ΔE 值在 0.01 水平上和杂环胺含量成正相关,肌酸在 0.01 水平上和杂环胺含量成负相关。在鸡腿肉中,水分含量在 0.01 水平上和杂环胺含量成负相关。

表 9 –11　不同加工工序下鸡腿品质与杂环胺含量的相关分析

	蛋白质	肌酸	肌酸酐	ΔE	水分
皮 HAs	0.232	– 0.878 * *	0.914 * *	0.916 * *	0.061
肉 HAs	0.079	– 0.912 * *	0.885 * *	– 0.121	– 0.972 * *

注:“ * * ”表示在 0.01 水平上的相关性,“ * ”表示在 0.05 水平上的相关性。

综上所述,卤煮—油炸工序下熟制的酱卤鸡腿的蛋白质含量、蒸煮损失率、ΔE(皮)变化明显高于卤煮、油炸—卤煮工序,卤煮—油炸工序下肉中水分含量明显低于卤煮、油炸—卤煮工序,表明不同加工工序下,对其基本组成成分影响显著。在 ΔE 变化中,肉中色差值在卤煮和卤煮—油炸工序下比较高,可能与先进行卤煮工序有关,卤汤浸入肉中,而先进行油炸工序可形成保护膜,阻挡卤汤侵入肉中,ΔE 变化低。鲜肉中肌酸最高,不同工序下,卤煮—油炸、油炸—卤煮工序下肉中肌酸含量比较低,肌酸酐在鲜肉中含量最低,油炸—卤煮、卤煮—油炸工序下肉中含量最高,并且和肉卤煮工序差异显著。

根据相关性分析得到不同加工工序下,蛋白质、肌酸酐、ΔE、水分与皮中杂环胺的含量成正相关,肌酸与皮中杂环胺成负相关,蛋白质、肌酸酐与肉中杂环胺成正相关,肌酸、ΔE 和水分含量与肉中杂环胺成负相关。

9.5 不同卤煮时间、功率和卤煮次数对酱卤鸡腿中杂环胺的形成规律研究

酱卤冷鲜鸡肉制品是我国特有的传统中式肉制品,是由水、食盐和酱油等调味料和香辛料一起煮制而成,其特殊风味的主要来源之一是卤煮过程中回用一定的老汤。但卤汤使用次数、温度的增加,使得酱卤肉制品存在一定的安全隐患。目前流行病学研究表明,各种癌症(例如直肠癌、胃肠道癌和前列腺癌等)与食用过量经高温或长时间熟制的肉制品中的杂环胺有一定关系,1993 年国际致癌研究中心已经把 IQ 类杂环胺归为"2A 级致癌物",把 Norharman 和 Harman 列为潜在致癌物,Norharman 和 Harman 是辅助致突物、神经毒素和酶抑制因子。因此,肉制品加工过程中生成的杂环胺是肉品加工与质量控制领域的研究热点。

目前,国内外对低温卤煮制成的酱卤肉制品研究较少,主要集中在高温油炸和烤制工序下杂环胺的变化规律,其中低温研究肉制品主要分析在白水煮肉中杂环胺的变化。Wong 等研究了白水煮冷鲜鸡肉,结果表明各种杂环胺都处于检出限以下;Knize 研究冷鲜鸡肉于 100℃ 煮 23 min 后杂环胺的含量,Harman、Norharman、AαC、MeAαC、Trp - P - 2、Trp - P - 1 都处于检出限以下;Skog 研究冷鲜鸡肉 100℃煮 240 min,检测出 Norharman 和 Harman,分别为 0.4 ng/g 和 0.2 ng/g。我国传统酱卤肉制品的加工方式与国外存在很大差异,主要包括老汤卤煮次数、各种香辛料的添加和酱油的使用,因此有必要研究低温卤煮酱卤制品中杂环胺的形成。

因此,本研究主要探究卤煮时间、温度(功率)、卤煮次数对酱卤鸡腿中杂环胺含量的影响,分析皮和肉中杂环胺的含量变化,旨在研究加工条件(温度、时

间、次数)对酱卤鸡腿中杂环胺形成规律的影响,分析杂环胺的种类特点,从而为抑制和阻断杂环胺形成做基础研究。

9.5.1　原料肉中主要组成成分

由表 9 – 12 可知,原料肉中蛋白质含量丰富,肉中蛋白质含量达到 25.99 g/100 g,皮中 13.56 g/100 g。肉中肌酸含量为 2.175 mg/g,皮中含量为 0.498 mg/g,皮中肌酸酐处于检出限以下,肉中肌酸酐为 0.410 mg/g。

由表 9 – 13 可知原料肉中 17 种氨基酸的含量,研究表明,氨基酸是生成杂环胺的前体物质,Grivas 研究得出甘氨酸、葡萄糖、肌酐是生成 4,8 – MeIQ、MeIQx 的前体物质,根据 Jagerstad 等的假说,甘氨酸是 IQ、MeIQx、7,8 – DiMeIQx 的前体物,而丙氨酸是 MelQ 和 4,8 – DiMeIQx 的前体物。

表 9 – 12　原料肉中主要的化学成分

化学组成成分		含量/(g/100g)	主要物质		含量/(mg/g)
水分	皮(不带肉)	46.122 ± 1.25	肌酸	皮(不带肉)	0.498 ± 0.055
	肉(不带皮)	61.010 ± 2.35		肉(不带皮)	2.175 ± 0.219
蛋白质	皮(不带皮)	13.56 ± 0.954	肌酸酐	皮(不带肉)	nd
	肉(不带皮)	25.99 ± 2.57		肉(不带皮)	0.410 ± 0.094

注:"nd"表示处于检出线以下。

表 9 – 13　原料肉中 17 种游离氨基酸含量

氨基酸种类	含量/%	氨基酸种类	含量/%
天冬氨酸	1.69	谷氨酸	3.00
苏氨酸	0.78	异亮氨酸	0.86
丝氨酸	0.36	亮氨酸	1.46
甘氨酸	0.82	酪氨酸	0.64
丙氨酸	1.05	丙苯氨酸	0.85
胱氨酸	0.16 *	赖氨酸	1.75
缬氨酸	0.88	组氨酸	0.58
蛋氨酸	0.52	精氨酸	1.30
脯氨酸	0.67	总和	17.66

注:" * "表示高于检出限,低于定量限。

9.5.2　购买酱卤鸡腿老汤中杂环胺的含量

从表 9 – 14 可知,购买的卤汤中,稀释 3 倍,检测出 5 种杂环胺,总含量为

5.363 ng/g, Trp – p – 1、Norharman 和 Harman 含量比较高,唐春红研究了 Harman 和 Norharman 卤煮 9 次后卤汤中杂环胺的含量,与对照组相比,最高含量增加至 12.74 ng/g 和 15.90 ng/g,是对照组的 1 倍多,可能是加工方式和浓缩体积的不同,致使汤中含量不同。

表9 – 14　第一次卤煮时(300W 条件下卤煮 2 h)酱卤鸡腿老汤中杂环胺的含量

单位:ng/g

样品名称	PhIP	Norharman	Harman	Trp – p – 1	Trp – p – 2	总含量
老汤	0.047 ±0.021	1.198 ±0.126	2.103 ±0.001	1.939 ±0.004	0.076 ±0.014	5.363

9.5.3　卤煮时间对鸡腿中杂环胺含量的影响

从表9 – 15、表9 – 16 可以看出 PhIP、Norharman、Harman、Trp – p – 1 和 Trp – p – 2 在鸡腿中被检测出,卤煮时间影响鸡腿中杂环胺的形成,随着卤煮时间的增加,皮和肉中杂环胺的含量在增加,皮中杂环胺含量高于肉中杂环胺含量。

酱卤鸡腿时,卤煮 1 h 后皮中杂环胺含量是肉中的 2.5 倍。在卤煮 1、3、6 h 时,皮中总杂环胺含量差异不显著($P < 0.05$);在 6 h 时,杂环胺的种类增加,是卤煮 1 h 时杂环胺含量的 3.5 倍。Norharman 和 Harman 检出量随着卤煮时间的延长而增加,9 h 后皮中 Norharman 和 Harman 含量增加显著($P < 0.05$),分别增加到 1.197 ng/g 和 1.689 ng/g,并且在 12 h 后,含量高于取样的老汤。Trp – p – 1和 Trp – p – 2 在卤煮 3 h 时被检测出,由购买卤汤中杂环胺的测定可以看出,可能是由于卤煮生成和汤中的杂环胺向肉中迁移。并且 Trp – p – 2 在卤煮 12 h 后含量差异显著,达到 1.982 ng/g,是卤煮 3 h(0.084 ng/g)时的 23 倍。Trp – p – 1 在 15 h 和 6 h 时含量呈现显著差异,在 15 h 后检测出 PhIP,卤煮时间对杂环胺的含量和形成产生影响。

在酱卤鸡腿肉中,卤煮 1、3 h 时含量差异不显著,在 6 h 后杂环胺的含量增加显著($P < 0.05$),尤其是 12 h 后,并且已经超过汤中杂环胺的检出量,和皮中杂环胺的含量趋近。Trp – p – 1 在 9 h 时被检出,但是并没有汤中 Trp – p – 1 的含量高,可能是 9 h 以后汤中杂环胺向肉中的迁移率升高,也有可能是随着卤煮时间增加,肉中生成 Trp – p – 1。Trp – p – 2 在肉中的检出量明显高于汤中,并且在 15 h 时肉中含量比皮中含量高,可能是肉中蛋白质、肌酸酐高于皮中,生成杂环胺的含量高。Liao 研究卤煮时间对冷鲜鸡肉的影响,得出在炖 8 h 时杂环胺的含量达到 25.69 ng/g,可能是因为经过油炸,温度高,生成的杂环胺

含量高。

表 9 - 15　鸡腿在不同卤煮时间下鸡皮中杂环胺的含量

时间/h	PhIP	Norharman	Harman	Trp - p - 1	Trp - p - 2	总含量/ (ng/g)
0	nd	nd	nd	nd	nd	nd
1	nd	0.760 ± 0.014^c	1.414 ± 0.001^b	nd	nd	2.174^d
3	nd	0.902 ± 0.137^c	1.561 ± 0.112^b	nd	0.084 ± 0.002^d	2.547^d
6	nd	0.994 ± 0.109^c	1.572 ± 0.107^b	1.145 ± 0.101^b	0.289 ± 0.024^c	3.006^d
9	nd	1.197 ± 0.202^c	1.689 ± 0.218^c	1.148 ± 0.101^b	0.466 ± 0.056^c	4.500^c
12	nd	1.961 ± 0.235^b	1.922 ± 0.186^b	1.887 ± 0.124^a	1.756 ± 0.102^b	$7.526b$
15	0.054 ± 0.012	3.667 ± 0.223^a	2.063 ± 0.306^a	1.913 ± 0.025^a	1.982 ± 0.231^a	8.679^a

注:每行上标不同字母则表示差异显著($P < 0.05$);"nd"表示杂环胺处于检出线以下。

表 9 - 16　鸡腿在不同卤煮时间下鸡肉中杂环胺的含量

时间/h	PhIP	Norharman	Harman	Trp - p - 1	Trp - p - 2	总含量/ (ng/g)
0	nd	nd	nd	nd	nd	nd
1	nd	0.279 ± 0.033^c	0.583 ± 0.041^c	nd	nd	0.862^e
3	nd	0.307 ± 0.069^c	0.978 ± 0.017^b	nd	nd	1.305^e
6	nd	0.513 ± 0.010^{dc}	0.989 ± 0.159^b	nd	nd	2.502^d
9	nd	0.616 ± 0.097^c	1.292 ± 0.201^{ab}	0.596 ± 0.026^b	0.844 ± 0.015^c	3.348^c
12	nd	1.699 ± 0.139^b	1.660 ± 0.349^a	0.817 ± 0.007^b	1.678 ± 0.112^b	5.854^b
15	nd	1.982 ± 0.261^a	1.996 ± 0.246^a	1.247 ± 0.124^a	2.193 ± 0.276^a	7.418^a

注:每行上标不同字母则表示差异显著($P < 0.05$);"nd"表示杂环胺处于检出线以下。

　　总体而言,皮中的杂环胺含量高于肉中,在卤煮 6 h 后,杂环胺的含量和数量差异显著。建议卤煮时间不要超过 6 h。

9.5.4　卤煮功率对鸡腿中杂环胺含量的影响

　　为了研究大火、小火、中火对鸡腿中杂环胺含量的影响,选择不同的功率来探究对鸡腿中杂环胺含量的影响,由表 9 - 17 和表 9 - 18 可以看出,不同功率对肉中和皮中杂环胺含量的影响差异显著,肉中、皮中的杂环胺含量较高。从表 9 - 17可知,随着功率的增加,皮中杂环胺总含量差异显著,600 W 比 300 W 条件下杂环胺总含量增加了 1.967 ng/g,在 800 W 时,杂环胺总含量比 600 W 时增加了 2.915 ng/g,增加显著。Norharman 和 Harman 在 120 W、300 W 卤煮时,差异不显著($P < 0.05$),在 600 W 和 800 W 卤煮时,Norharman 的含量显著增加,在 600 W 卤煮时,Harman 的检出量显著增加($P < 0.05$)。Trp - p - 1 在 600 W 卤煮时被检测出,并且在 800 W 卤煮时增加显著($P < 0.05$),Trp - p - 2 在皮中增加不显著。PhIP 在 800 W 卤煮时被检测出。

从表 9 - 18 可知,酱卤鸡腿肉中杂环胺含量随着卤煮功率的增加而增加。在 600 W 卤煮时检测到 4 种杂环胺化合物,并且 Norharman 在 600 W 卤煮时,含量增加显著,达到 1.187 ng/g,Harman 在 800 W 时,检出量显著增加($P < 0.05$)。Trp - p - 1 在卤煮功率大于 600 W 后被检出含量,并且随着功率的增加而增加,在 1000 W 卤煮时肉中含量是皮中的 1.5 倍,达到 2.126 ng/g。在 1000 W 时 Trp - p - 2 肉中含量比皮中含量高,达到 0.585 ng/g。在 600 W 卤煮时杂环胺种类比 300 W 和 120 W 的含量高,在 800 W 时杂环胺种类增加显著。建议在 600 W 或者以下的条件下卤煮。

表 9 - 17　鸡腿在不同卤煮功率下鸡皮中杂环胺的含量

功率 /W	PhIP	Norharman	Harman	Trp - p - 1	Trp - p - 2	总含量/ (ng/g)
120	nd	0.952 ± 0.012[ac]	1.367 ± 0.204[c]	nd	0.098 ± 0.020[a]	2.417[e]
300	nd	0.965 ± 0.154[cd]	1.91 ± 0.001[c]	nd	0.131 ± 0.004[a]	3.006[d]
600	nd	1.624 ± 0.237[c]	2.943 ± 0.176[b]	0.201 ± 0.008[bc]	0.175 ± 0.001[a]	4.973[c]
800	0.020 ± 0.004[b]	3.982 ± 0.249[b]	3.242 ± 0.034[a]	0.437 ± 0.094[b]	0.203 ± 0.001[a]	7.888[b]
1000	0.177 ± 0.008[a]	4.914 ± 0.458[a]	3.597 ± 0.007[a]	1.331 ± 0.301[a]	0.301 ± 0.009[a]	10.32[a]

注:每行上标不同字母表示差异显著($P < 0.05$);"nd"表示杂环胺处于检出线以下。

表 9 - 18　鸡腿在不同卤煮功率下鸡肉中杂环胺的含量

功率 /W	PhIP	Norharman	Harman	Trp - p - 1	Trp - p - 2	总含量/ (ng/g)
120	nd	0.378 ± 0.014[c]	0.504 ± 0.004[d]	nd	0.048 ± 0.002[a]	2.228[d]
300	nd	0.720 ± 0.016[bc]	1.086 ± 0.162[c]	nd	0.074 ± 0.018[a]	3.264[c]
600	nd	1.187 ± 0.215[b]	1.247 ± 0.125[c]	0.399 ± 0.050[c]	0.090 ± 0.013[a]	3.923[c]
800	0.024 ± 0.008[b]	3.149 ± 0.171[a]	2.422 ± 0.270[b]	1.555 ± 0.208[b]	0.160 ± 0.037[a]	7.311[b]
1000	0.107 ± 0.007[a]	3.355 ± 0.406[a]	3.339 ± 0.211[a]	2.126 ± 0.214[a]	0.585 ± 0.009[a]	9.506[a]

注:每行上标不同字母表示差异显著($P < 0.05$);"nd"表示杂环胺处于检出线以下。

9.5.5　卤煮次数对鸡腿中杂环胺含量的影响

为了研究卤煮次数对鸡腿中杂环胺含量的影响,选择 25、30、35、40、45 卤煮次数研究杂环胺的变化规律,从表 9 – 19 可知,PhIp、Norharman、Harman、Trp – p – 1 和 Trp – p – 2 在卤煮 25 次时,处于检测线以下。随着卤煮次数的增加,杂环胺总量增加显著($P < 0.05$),第 45 次卤煮后杂环胺总量约为卤煮是 30 次的 4 倍。在第 25 次卤煮时,杂环胺处于检测线以下,在第 30 次卤煮时检测出 Norharman 和 Harman 两种杂环胺,含量分别为 0.279 ng/g 和 0.142 ng/g,在第 40 次卤煮时检测出 Norharman、Harman、Trp – p – 1 和 Trp – p – 2 4 种杂环胺,并且卤汤中杂环胺的含量随着卤煮次数的增加而增加。Norharman 在第 45 次卤煮时含量是第 30 次检出量的 5 倍,各时间段差异显著($P < 0.05$)。Trp – p – 2 在第 35 次时被检测出,含量低于 0.1 ng/g,但是随着卤煮次数的增加,在第 45 次时含量达到 0.128 ng/g,是第 35 次的 2.5 倍。PhIP 在第 45 次卤煮时被检测出,并且在卤煮 45 次时杂环胺的含量是 30 次的 4 倍,Trp – p – 1 在第 25、30 次时未被检测出,并且随着次数的增加含量在增加。所以,建议卤汤循环次数不要超过 45 次,在第 45 次时杂环胺的含量和数量增加显著。

表 9 – 19　鸡腿在不同卤煮次数下杂环胺的含量

次数	PhIP	Norharman	Harman	Trp – p – 2	Trp – p – 1	总含量/(ng/g)
25	nd	nd	nd	nd	nd	nd
30	nd	0.279 ± 0.084^c	0.142 ± 0.021^d	nd	nd	0.421^c
35	nd	0.405 ± 0.074^c	0.357 ± 0.052^c	0.054 ± 0.043^b	nd	0.816^b
40	nd	0.627 ± 0.112^b	0.501 ± 0.096^b	0.074 ± 0.016^b	0.339 ± 0.083^b	0.914^b
45	0.097 ± 0.015	1.020 ± 0.027^a	0.952 ± 0.014^a	0.128 ± 0.025^a	0.664 ± 0.072^a	1.841^a

注:每行上标不同字母表示差异显著($P < 0.05$);"nd"表示杂环胺处于检出线以下。

总之,酱卤鸡腿随着卤煮时间、功率、次数的增加,杂环胺含量在增加。卤煮时间对杂环胺的形成产生影响,酱卤鸡腿在 6 h 后杂环胺的种类含量增加显著,Trp – p – 1 和 Trp – p – 2 在 9 h 时被检出,特别是酱卤鸡腿在 12 h 时杂环胺含量差异显著,Trp – p – 2 的含量在 12 h 时是 3h 的 23 倍,显著增加,并且在 12 h 时 Trp – p – 2 在肉中的含量高于皮中含量。不同的卤煮功率对杂环胺形成产生影响,在酱卤鸡腿(肉)中,小于 600 W 的条件下差异不显著,在 800 W 卤煮时杂环胺含量增加显著,检出杂环胺的种类增加至 5 种,并且皮中杂环胺含量高于肉中杂环胺含量。卤煮次数对杂环胺的形成产生影响,在卤煮 30 次时检测到 Norharman 和 Harman 两种杂环胺,随着卤煮次数的增加杂环胺的总含量增加,并且 Trp－p－1、Trp－p－2 和 PhIP 在卤煮第 45 次被检测出,差异显著,是卤煮 30 次的 4 倍。综合考虑,卤煮时选择合适的时间和温度对于减少杂环胺的摄入量具有重要意义,建议卤煮时间不要超过 6 h,选择功率 600 W 或者以下条件卤煮,老汤的使用同样影响杂环胺的摄入量,建议卤汤使用次数不超过 45 次。

9.6　本章小结

本章主要是以杂环胺在酱卤肉制品的形成为研究对象。建立了 SPE － UPLC － MS/MS 对酱卤鸡腿老汤中杂环胺的检测方法。研究了市场上肉制品中杂环胺的含量。根据不同加工工序对鸡腿品质特性和杂环胺含量影响,研究了三种酱卤肉制品加工工序(卤煮、卤煮—油炸、油炸—卤煮)对杂环胺含量影响,并分析了其不同的前体物质和杂环胺的相关性。以卤煮温度(100℃)为研究条件,研究加工温度、卤煮时间、卤煮次数对酱卤鸡腿中杂环胺的影响,研究其形成规律。

研究主要结果如下:

①建立了 SPE － UPLC － MS/MS 应用酱卤鸡腿老汤的检测方法。通过方法学评价进行验证,主要研究结论为:10 种杂环胺标准品线性范围良好,添加水平为 10、20 和 50 μg/L 时回收率为 55.6% ~ 100.2%。应用 SPE － UPLC － MS/MS 进行检测可以提高分析速率和准确性。

②个人摊点肉制品中 HAs 的含量相对较高;不同加工工序下杂环胺含量不同,其中酱卤和油炸—酱卤中 HAs 的含量较少,烤制冷鲜鸡肉中 HAs 含量最高;皮中 HAs 的含量明显高于肉中(不带皮)HAs 检出量;所有的样品中都检测出 Norharman 和 Harman。建议消费者尽量少吃烤制肉制品或去皮食用,从而有效降低 HAs 带来的危害。

③卤煮—油炸工序中蒸煮损失率、色差值和肌酸酐含量最高,水分含量最低,杂环胺总含量最高;卤煮工序中色差值变化小,蒸煮损失率比卤煮—油炸低,肌酸含量高,杂环胺含量相比油炸—卤煮工序和卤煮—油炸工序低;根据相关性分析得到不同加工工序下,蛋白质、肌酸酐、色差值、水分与皮中杂环胺的含量成正相关,肌酸与皮中杂环胺含量成负相关,蛋白质、肌酸酐与肉中杂环胺含量成正相关,肌酸、ΔE 和水分含量与肉中杂环胺含量成负相关。

④酱卤鸡腿中,在 6 h 前杂环胺的含量和种类检出最少,3 h 时检测出杂环胺的种类最少;在 600 W 卤煮时杂环胺的种类在增加,Trp - p - 2 的含量没有显著变化。在卤煮 30 次时检出 Norharman 和 Harman 两种杂环胺,40 次时杂环胺的含量显著增加。建议肉制品熟制时间不要超过 6 h,卤煮时选择中火或者小火,在 600 W 或者以下条件下卤煮,卤汤的循环次数不要超过 45 次。

第10章 猪肉香肠中亚硝酸盐电化学检测方法的开发及应用

10.1 食品安全检测技术现状

随着食品供应链的全球化,建立严格的食品安全法规与食品安全应对体系成为关系到人民群众安全与健康的首要问题。据报道,世界范围内,每年由于有害病原菌、微生物和其他化学污染物等引起的食品安全事故造成约两百万人(包括儿童)死亡,因此食品安全问题成为社会发展过程中亟须解决的问题。食品安全问题的产生主要包括:食品加工过程中所引起的有害物的生成、食品的掺假、食品添加剂的滥用及其他有害微生物和污染物。2015年4月7日(世界卫生日),世界卫生组织将食品安全问题提上议程。世界卫生组织的专家建议食品安全措施需要在所有环节包括原料的收获、运输、加工、贮藏和预处理进行完善。与其他威胁国家和国际安全的问题相比,食品安全问题或许可以说是具有最大的社会经济影响,同时也是最敏感的问题。管理和监控食品安全问题的策略正在被讨论和定义,几乎所有国家都一致认为食品安全问题的一个关键是信息的传递。而且,实时、全面地监测食品供应链各个环节将会使我们更有效地对食品安全风险进行评估、追溯食品安全影响因子根源、采取有效的补救措施,并通知受危害的人群。确保食品安全从而保证全球公众的健康安全是监管机构和科学界义不容辞的责任。

随着越来越多的食品安全问题被曝光,人们越来越重视食品的生产加工链条,我国也开始加大对食品安全问题的解决力度。相关政策的制定充分体现了我国推进食品安全法治化、提升食品安全治理水平、推进健康中国建设、实施食品安全战略的重大决心。

为了确保食品的质量与安全,保证消费者健康,不同的食品安全检测技术已经被研发并成功应用于食品的检测。传统的食品安全检测方法大多数依赖于传统的仪器分析方法,包括液相色谱法、气相色谱法、色谱与质谱联用法、光谱法等。虽然传统的检测方法已经广泛用于食品安全检测,并且具有较高的准确性,但是它们却存在成本高、耗时久、需要专业技术人员操作以及不利于现场测定等缺陷。由于传统方法的不完善,因此需要研发新的、方便、快速、灵敏和可靠的技术应用于食品安全检测中。以实现高灵敏性、高特异性、快速检测为研究目标,研究人员提出了一系列新型的食品检测方法(图 10 - 1),主要包括电化学分析法、荧光分析法、比色分析法、表面增强拉曼光谱检测以及将分子印迹技术与上述技术相结合的检测技术,这一系列新技术的发展使食品安全检测技术向着灵敏、快速、现场化的方向发展。

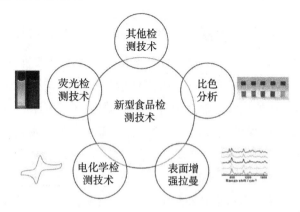

图 10 - 1　新型食品安全检测方法

10.2　电化学传感器在食品安全检测中的应用

电化学传感器作为一种简单方便、易小型化、快速以及灵敏的分析方法,主要是利用目标检测物在指示电极或电极敏感材料表面发生电化学反应,将化学信号转化成电信号实现目标物的检测。近年来,由于对目标物超灵敏检测的需求,信号放大引起了学者们的广泛关注。为实现超灵敏的检测,需要结合新颖的放大平台和放大过程,纳米技术为高灵敏的分析检测提供了新的思路。纳米材料是指在三维空间中至少有一维处于纳米尺寸(0.1 ~ 100 nm)或由它们作为基本单元构成的材料,这相当于 10 ~ 100 个原子紧密排列在一起的尺度。纳米材料具有良好的电学、光学特性并且具有较大的比表面积,因而作为电极修饰材料被广泛应用于电化学传感器的信号放大,以达到灵敏分析的目的。目前,基于纳米材料进行信号放大的电化学传感器在食品体系物质的检测中应用广泛。

食品体系中一部分检测物(如多酚类物质、食品抗氧化剂、色素等)本身易被电催化,所以自身在电催化的作用下可以产生电化学信号,因此,在电催化的作用下,可直接进行检测定量。然而,另一类物质(抗生素、食源性致病菌、生物毒素等)本身在电催化的作用下,产生的电化学信号较弱甚至难以产生电化学信号,对于这类物质,通常需要连接相应的适配体或者抗体,通过目标物与相应适配体或者抗体的结合而产生的电化学信号进行分析检测。基于上述两种原理,电化学传感器被广泛应用于食品添加剂以及其他有害物的检测。

10.2.1　电化学传感器在食品添加剂检测中的应用

随着食品工业时代的到来,食品添加剂作为一种能够改善食品品质(色、香、味等)、延长食品保质期的物质已经被广泛应用于食品加工和贮藏等环节。但是,食品添加剂的添加量和添加范围有严格的限定,其只能在一定限量范围内添加到特定食品中才能保证其食品安全性能,保障人们的生命健康安全。食品添加剂的过量使用会对人的身心健康带来很大威胁,因此相关部门对食品添加剂的使用有严格的监控措施。虽然国家已出台相关的政策法规对其进行严格的限制,但是仍有不法商家为追求利益过量使用食品添加剂,滥用现象屡禁不止。因此,灵敏、高效的食品添加剂检测技术对食品添加剂的使用检测和监控意义重大。基于纳米材料的电化学分析法作为一种新的检测方法,能够为食品添加剂的检测提供更灵敏、快速、便携的检测技术。Jampasa 等开发了一种用于检测商业饮料中着色剂——日落黄和柠檬黄含量的电化学传感器,该电化学传感器由电化学还原氧化石墨烯修饰的一次性丝网印刷电极制备而成。电化学还原氧化石墨烯修饰的丝网印刷电极能大大提高日落黄和柠檬黄的电化学响应信号,表明电化学还原氧化石墨烯卓越的表面增强信号效应。将所开发的一次性电化学传感器用于日落黄的检测,线性范围为 $0.01 \sim 20.0$ mM,检测限低至 0.50 nM,在柠檬黄检测中,线性范围为 $0.02 \sim 20.0$ mM,检测限为 4.50 nM。此外,在干扰物存在的情况下,日落黄和柠檬黄所对应的峰电流强度并没有显著变化,说明该传感器具有良好的选择性。另外,在实际样品检测过程中,与标准方法对比具有良好的一致性。该方法的主要优点有设备简单、操作简便、节省时间、无毒无害,为生物、环境和食品等样品中色素的检测提供一种简便、快速、低成本的检测方法。

10.2.2　电化学传感器在重金属离子检测中的应用

重金属离子是不能进行生物降解的物质,可以在软组织内蓄积并且引起诸多健康问题和生理疾病,所以,重金属离子被认为是生物圈中严重的污染源之一。因此,建立有效且灵敏的有毒重金属离子检测方法对于公共卫生的风险管理和保障人体生命安全具有十分重要的意义。近年来,已经发展并用于检测重金属离子的技术主要包括电化学检测法、质谱分析法以及光谱分析法等。其中,由于电化学检测技术具有分析时间短、成本低、灵敏度高且更适用于原位检测等优点,在重金属离子检测领域受到广泛的关注。电化学检测通常使用由工作电极、参比电极和对电极组成的常规三电极检测系统,工作电极通过修饰不同的纳米材料能够进行专一性识别或富集重金属离子。重金属离子的存在会引起电流、电位、电化学阻抗、电容或者电化学发光信号发生改变,通过对这些变化产生的信号处理,可以对重金属离子进行检测。Nafiseh 等利用电化学沉积的方法在 Si 基底上制备了 Fe – 贵金属(Au, Pt, Pd)双金属合金纳米颗粒,并以此为工作电极发展了低成本电化学传感器以用于检测 As(Ⅲ)。运用阳极溶出伏安法对 As(Ⅲ)进行检测,相比于其他纳米合金颗粒,FePt 纳米合金颗粒显示出最好的检测性能,检测限为 0.8 ppb,灵敏度为 0.42 μA/ppb,抗 Cu(Ⅱ)干扰性能最好,且具有良好的稳定性。Abbas 等开发了一种用于检测水和一些食品样品中重金属离子的基于修饰有席夫碱硅纳米颗粒修饰的碳糊电极电化学传感器。传感器根据席夫碱与重金属颗粒间的配位作用,使用方波阳极溶出伏安法快速、简单、准确、灵敏地检测 Ca^{2+}、Cu^{2+} 和 Hg^{2+},检测限分别为 0.3、0.1 和 0.05 ng/mL。将此电化学传感器应用于水和一些食品样品中 Cd^{2+}、Cu^{2+} 和 Hg^{2+} 的检测,具有良好的准确性和重现性,说明该方法适用于食品实际中 Cd^{2+}、Cu^{2+} 和 Hg^{2+} 的检测。此外,由于石墨烯材料优越的电化学性能,其在有害重金属离子电化学传感器的构建中应用广泛,并使得电化学检测有害重金属离子的性能大大提高。

10.2.3　电化学传感器在生物毒素检测中的应用

生物毒素也叫天然毒素,是由动物、植物、微生物等分泌代谢产生的对其他生物物种有毒害作用的各类小分子化合物、酶类、多肽和蛋白质等化学物质。生物毒素主要通过作用于神经系统、抑制酶的活性或阻碍神经传导而引起中毒。由生物毒素引起的食品中毒事件在全球各地时有发生,严重威胁着人类的健康。

要从根本上解决这类食品安全问题,就必须对从农田到餐桌的食品供应链中各环节实施全程管理和监控,这就需要采用灵敏、高效的食品检测技术手段来完成。而目前传统的生物毒素检测技术主要包括高效液相色谱、质谱和免疫学检测法等,大多需要依赖抗体,检测设备昂贵、操作烦琐且非常耗时,很难满足对现代食品安全检测技术快速、灵敏、便捷的要求。基于抗原抗体相互作用的电化学免疫分析技术由于其具有灵敏度高、成本低、易于小型化等优势,激发了广大科研工作者的研究兴趣。

为了实现更高的灵敏度,科研工作者们探索不同的标记方法和技术,如利用金属纳米颗粒、半导体纳米颗粒、酶负载的碳纳米管以及其他电活性组分对抗原抗体相互作用进行信号放大。福州大学食品安全分析与检测教育部重点实验室陈国南教授和唐点平教授课题组致力于生物毒素分析与检测,开发了一系列用于毒素检测的电化学免疫传感器。Lin 等基于检测目标物与连接有抗体的介孔碳材料之间的置换作用,根据竞争型免疫传感策略,以全氟磺酸膜功能化的传感界面为工作电极,设计了灵敏、快速的电化学检测方法用于黄曲霉毒素 B1 的(AFB1)检测。电活性硫堇分子修饰到介孔碳材料上,然后将抗 – AFB1 抗体共价结合到纳米结构上,带正电荷的已经连接有抗 – AFB1 抗体的纳米材料会与带负电荷的全氟磺酸膜通过静电作用相结合。其中,电化学信号来自介孔碳表面负载的硫堇分子。AFB1 加入会与介孔碳材料上链接标记的抗 – AFB1 抗体发生抗原抗体特异性反应,从而诱导负载有硫堇分子的介孔碳材料脱离传感界面,进而导致硫堇分子的电化学信号减小。在最优条件下,该免疫传感器表现出良好的电化学响应,检测的 AFB1 浓度低至 3.0 pg/mL。重要的是,它简单、成本低、灵敏度高,不需要样品分离和洗涤的步骤,所以这种非常规传感系统为小分子的快速识别和筛选提供了一个有前景的传感策略。另外,该课题组 Tang 等人基于鸟嘌呤功能化的石墨烯纳米带搭建了一种简单、可行且磁性可控的免疫传感平台,用于检测海产品中的短裸藻毒素,也取得了良好的效果。该电化学免疫传感器检测短裸藻毒素的线性范围为 $1.0 \sim 1.0 \times 10^4$ pg/mL,检测限为 1.0 pg/mL。与常规酶联免疫法检测相比,该传感器具有良好的准确性以及重现性。此外,该课题组也研制了一些电化学传感器用于检测金黄色葡萄球菌肠毒素 B(SEB)、赭曲霉毒素以及其他生物毒素类,并且均取得了很好的检测效果,为食品分析与检测领域提供了新型快速、灵敏的检测技术,为食品安全提供了有力的保障。

10.2.4　电化学传感器在农药残留检测中的应用

为了控制有害微生物,提高农作物产量,降低食品生产成本,农药(主要分为杀菌剂、杀虫剂和除草剂)在农业生产过程中应用非常广泛。然而,长期的杀虫剂滥用也会导致土壤、水、空气和农业产品的污染,生态系统遭到破坏,威胁动物和人类健康。因此,发展准确、灵敏、快速以及简便的农药残留检测方法是人类健康的迫切需求,也是环境卫生和人类健康的保障。基于纳米材料的电化学传感器作为一种简便、准确、灵敏、快速的技术手段在农药残留检测中应用广泛。Zhang 等制备了基于 β 环糊精修饰的石墨烯纳米材料的电化学传感器,用于检测呋虫胺农药残留。用线性扫描伏安法测得呋虫胺农药残留的线性范围是 0.5 ~ 16.0 mM,检测限为 0.10 mM。将该方法应用于实际样品检测,得到检测限为 0.01 mg/kg,与高效液相色谱法相比,该方法准确快速、灵敏度高。Li 等利用电化学方法合成多孔石墨烯,该多孔石墨烯有效提高了电子转移速率,促进基底材料进入活性中心。以此多孔石墨烯为基底制作纳米材料,固定乙酰胆碱酯酶,通过酶抑制法检测氨基酸甲酯类农药——西维因。在最佳条件下检测西维因,线性范围为 0.3 ~6.1 ng/mL,检测限低至 0.15 ng/mL,并显示出良好的重现性和稳定性。综上,纳米材料电化学传感器的发展为农药残留的分析提供了一种有前景的技术手段。

10.2.5　电化学传感器在其他检测中的应用

此外,电化学传感器还被用于食品中(包括兽药残留、苏丹红以及双酚 A 等)多种有毒有害物质的检测。Liu 等发明了一种三明治式电化学适配子传感器用于检测抗生素——土霉素。这一传感器利用三维石墨烯与纳米金复合材料(GR −3D Au)和适配子—纳米金—辣根过氧化物酶进行信号放大。首先,三维石墨烯与纳米金复合材料通过一步电化学共还原氧化石墨烯和氯金酸的方法修饰到玻碳电极上。然后,将适配体和辣根过氧化物酶修饰到金纳米颗粒上以提供高亲和力、超灵敏的电化学探针用来特异性检测土霉素。这种电化学适配体传感器在最优条件下检测土霉素,在土霉素浓度为 $5 \times 10^{-10} \sim 2 \times 10^{-3}$ g/L 范围内呈良好线性关系,检测限为 4.98×10^{-10} g/L。此外,该电化学适配体传感器有高灵敏度、良好的特异性和重现性,为土霉素的定量检测以及相关食品安全分析和临床诊断提供了一种实用的检测方法。Chailapakul 等开发了基于碳纳米管离子液体复合材料的电化学传感器,将其应用于检测饮料样品中的苏丹红,取得良好的效果。Edson R. Santana 等开发了基于 Fe_3O_4 纳米颗粒和金纳米颗粒电化学传感器,并成功应用于双酚 A 的检测。上述一系列电化学传感器的发展证明了电化学分析法在食品分析中良好的实用性,基于对灵敏、快速、便携式以及现场检测的需求,掌上电化学传感器的广泛制备引起电化学研究者们的兴趣。

10.2.6　掌上电化学设备最新研究进展

在特定领域并且资源有限的环境中,进行电化学测试并将测试数据自动传输到"云"的能力有助于对个人和公共卫生、临床分析、食品安全、环境监测进行广泛的分析。发达国家有很多项分析和网络连接技术,相比之下,发展中国家没有昂贵的设备去进行这些测试或者没有先进的网络传输技术。为了解决这一局限,美国哈佛大学 George Whitesides 领导的团队发明了一种简单、低成本的掌上设备。这种设备不仅能够进行常规的电化学分析,而且能够将电化学分析结果通过世界各地的任何手机、网络传输至云数据库。该设备将电化学测试能力与网络技术相结合,具有以下特点:① 进行最常规的电化学分析;② 接口通用于多种商业化电极;③如果需要的话,能够随时对样品进行混匀;④操作简便,对于数据的传播,利用了无处不在的通用免提音频端口,并且设计了通过现场语音连接的数据传输协议。这种处理方式保证了任何手机都可以作为调制解调器将测试的结果通过任何可用的移动网络连接至远程设备。此外,该设备不需要任何特定的软件程序、操作系统或连接器(除了一个音频电缆)。这种设备具有移动技术的兼容性、广泛的电化学测试技术(电流分析法、电量分析法、循环伏安法、微分脉冲法、方波伏安法),还具有对不同商业化电极的兼容性,因此该团队将这种设备定义为"通用移动电化学检测器"。美国哈佛大学 George Whitesides 领导的团队是该设备的研发者,他们的分析显示,通用移动电化学检测器收集的数据和商业的电化学分析仪得出的数据不相上下。掌上电化学检测器的发展一方面推动了电化学检测设备便携化,更易于现场测定。另一方面将为公共卫生、临床分析、食品安全、环境监测提供可靠的技术支撑。

亚硝酸盐是最令人担忧的危害生态系统和人类健康的污染物之一。由于亚硝酸盐基肥料的广泛使用,亚硝酸盐存在于海水、河流和雨水等环境系统中。然而,饮用亚硝酸盐含量过高的水会导致蓝婴综合征,引起呼吸急促。因此,为了确保饮用水的安全,世界卫生组织将饮用水中亚硝酸盐的最大允许值定为 3 mg/L。此外,亚硝酸盐作为一种防腐剂,由于其在防止食品氧化降解和腐败方面的作用而受到食品生产企业的青睐。但是,在食品加工过程中,亚硝酸根离子容易与二元胺发生反应,产生 N - 亚硝胺,而 N - 亚硝胺已被证明是一种重要的人类致癌物。因此,为了保证公众健康,许多国家严格监控亚硝酸盐在食品中的使用。例如,中国国家标准(食品安全国家标准　食品添加剂使用标准,GB 2760—2014)规定亚硝酸盐可以用于调味肉汁、肉类罐头等食品的加工过程中,但亚硝酸盐的最大添加量为 0.15 g/kg,残留量不得超过 30 mg/kg。因此,实现亚硝酸盐灵敏、准确的检测对于环境保护和食品安全具有重要意义。

亚硝酸盐是肉类产品中常见的食品添加剂,过量摄入可对人体造成多方面的危害。因此本章以肉类产品中亚硝酸盐为检测对象,以电化学检测技术为研究手段,旨在开发具有高灵敏度、高选择性、低成本、适用于检测肉品中亚硝酸盐的电化学传感器。

10.3　亚硝酸盐电化学检测机制研究

纳米材料的结构可以显著影响其发光和催化活性等性能。在电催化领域,研究修饰材料的表面结构有利于提高电催化性能。为了研究 CuOx/ ERGO 复合材料的表面形貌,对复合材料进行扫描电镜表征,并选取代表性图像,如图 10 - 2 所示。在 pH 为 3.0 时,在 ERGO 上生长合成的 CuOx 结构呈牡丹花状,如图 10 - 2(a)和图 10 - 2(b)所示;调整 PBS pH 值为 4 时,得到有序均匀的蜂窝状 CuOx 结构,如图 10 - 2(c)和图 10 - 2(d)所示;分别在 pH 值为 6 和 8 的条件下制备了玫瑰花状 CuOx[图 10 - 2(e)和图 10 - 2(f)]和紫薇花状 CuOx[图 10 - 2 (g)和图 10 - 2(h)]。综上所述,通过调节 pH 值,可以实现不同表面形貌的 CuOx/ERGO 纳米复合材料的可控合成。这种形貌可控制备 CuOx/ERGO 的方法对提高材料电催化性能具有重要意义。

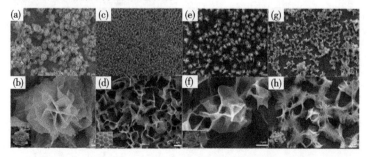

图 10 - 2　不同 pH 条件下制备的在石墨烯上生长的 CuOx 的低倍率 SEM 图像(a、c、e、g),以及与之对应的高倍率 SEM 图像(b、d、f、h)其中:(b) pH 3,插图:牡丹花;(d) pH 4,插图:蜂巢;(f) pH 6,插图:玫瑰花;(h) pH 8,插图:紫薇花。

在 -0.4 V 电沉积过程主要涉及两步还原机理,如反应(1)所示。反应(1)可使 Cu^{2+} 还原为 Cu^+。反应(2)使 H_2O 与 H^+ 同时电化学电离,在 -0.9 V 时生成 Cu_2O。随着氧化石墨烯的电化学还原,电极与修饰材料的界面可能发生两种相关反应。一方面 Cu_2O_{aq} 可以通过反应歧化成 Cu^0 和 CuO_{aq}[反应(3)],另一方面 Cu_2O_{aq} 也可以直接生成 CuO_{aq}[反应(4)],从而形成 CuOx/ERGO 纳米复合物,描述如下:

$$Cu^{2+} + e^- \rightarrow Cu^+ \tag{1}$$

$$2Cu^+ + H_2O_{aq} \rightarrow Cu_2O_{aq} + 2H^+ \tag{2}$$

$$Cu_2O_{aq} \rightarrow CuO_{aq} + Cu^0 \tag{3}$$

$$Cu_2O_{aq} \rightarrow CuO_{aq} + e^- \tag{4}$$

为了确定 CuOx/ERGO 纳米复合材料的元素分布,本实验进行了能谱(EDS)扫描,得到了相应的元素映射图,如图 10 - 3 所示。在元素映射图像中,亮区表示对应元素浓度较高。相反,黑暗区域表明不存在相应的元素。从能谱图上可以明显看出,铜元素和氧元素的浓度较高,与花状结构的区域有较好的对应关系。很明显,少量的 C 元素与 CuOx 纳米片之间的空间相对应,说明 C 元素主要分布在 CuOx/ERGO 纳米复合物的底部。

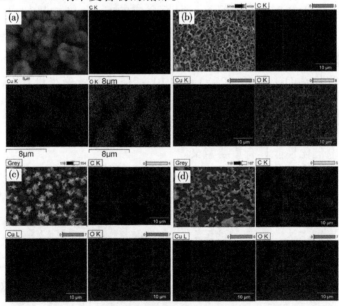

图 10 - 3　在不同 pH 值条件下石墨烯生长的复合 CuOx 的 SEM
图像(a):pH 3;(b):pH 4;(c):pH 6;(d):pH 8 及对应的 EDS 映射图像

此外,还利用透射电镜对 CuOx/ERGO 纳米复合物的形貌进行表征,如图 10-4所示。研究了 CuOx 结构被包裹在 ERGO 中的部分。图 10-4(a)虚线部分放大后,在图 10-4(b、d)中可以清晰地看到典型的 ERGO 褶皱和 CuOx 片状结构,片状 CuOx 厚度为 20~50 nm,与 SEM 图像吻合较好。上述表征清楚地表明,采用两步电沉积法制备了不同结构的 CuOx/ERGO 纳米复合材料,而且,通过调整 pH 值可以很好地调控 CuOx 的形貌。

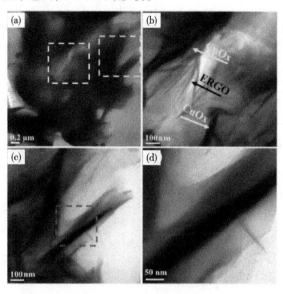

图 10-4 (a):pH 4 条件下制备的 CuOx/ERGO TEM 图像;(b):a 图中左侧虚线部分的放大图像;(c):a 图中右侧虚线部分的放大图像;(d):c 图中虚线部分的放大图像

修饰材料的结构形貌与电催化性能密切相关。为此研究了不同表面形貌的蜂窝状 CuOx/ERGO 纳米复合材料的 X 射线光电子能谱(XPS),确定了其化学成分和表面电子态。从图 10-5(a~d)可以看出,前三种类花状 CuOx/ERGO 在所有样品中均由两种成分组成,但比例不同。较高的结合能与 Cu(Ⅱ)有关,而较低的结合能则与 Cu(Ⅰ)或金属 Cu(0)有关。由于 Cu(0)和 Cu(Ⅰ)的结合能峰值和形状几乎相同,很难区分得到两者确切的成分比例,进而通过 XPS 能谱曲线拟合确定 Cu(Ⅱ)和 Cu(Ⅰ)或金属 Cu(0)的百分比,如图 10-5(e)所示。随着 pH 值的增加,牡丹状 CuOx、蜂巢状 CuOx、玫瑰状 CuOx 和紫薇状 CuOx 中 Cu(Ⅱ)的含量分别为 65.59%、68.97%、88.40% 和 100%。此外,很明显,CuO 是占主导地位的产物,所占比例相当高。根据这些结果,可以推断 Cu、CuO 和 Cu₂O 共存于 CuOx 结构中,亚硝酸盐的电催化氧化是 Cu(0)、Cu(Ⅰ)和 Cu(Ⅱ)共同作用的结果。综上所述,这种结构形貌随 pH 值变化的原因可能有以下几个方面:①pH 值的变化可能导致铜离子在电沉积过程中不同程度的演化和团聚。②不同的 pH 值导致不同价态比例铜[Cu(0)、Cu(Ⅰ)或 Cu(Ⅱ)]的生成,从而导致不同的形态。

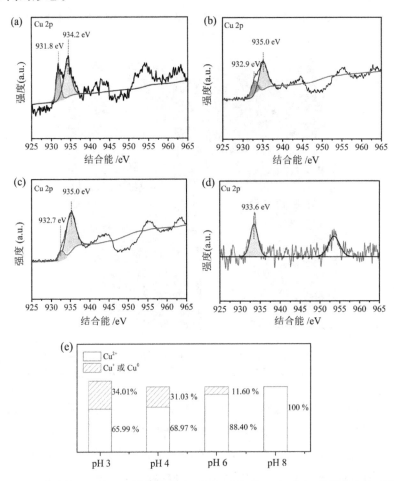

图 10 - 5　牡丹状 CuOx(a)、蜂巢状 CuOx(b)、玫瑰状 CuOx(c)、紫薇状 CuOx(d)的
高分辨率 X 射线光电子能谱图;(e):Cu(0)、Cu(Ⅰ)和 Cu(Ⅱ)在相应的
CuOx/ERGO 纳米复合材料中的比例

　　修饰材料的形貌是影响催化性能的因素之一。为了探索最佳的电催化活性,进一步研究了 CuOx/ERGO 纳米复合物的形貌与其对亚硝酸盐氧化的电催化性能之间的关系。如图 10 -6 所示,不同结构的 CuOx/ERGO 纳米复合物对亚硝酸盐具有不同的电催化氧化活性。电催化活性的顺序为:蜂窝状 CuOx(pH 4) >牡丹状 CuOx(pH 3) >玫瑰状 CuOx(pH 6) >紫薇状 CuOx(pH 8)。这些

CuOx/ERGO 纳米复合物由直径约为几微米的花状结构组成。结果表明,氧化铜的形貌对亚硝酸盐的电催化氧化起着关键作用。这一现象的发生可以归结为两个原因:①不同形貌的 CuOx/ERGO 纳米复合物的平均电活性表面积存在显著差异;②蜂窝状 CuOx/ERGO 纳米复合物的结构有利于传质。

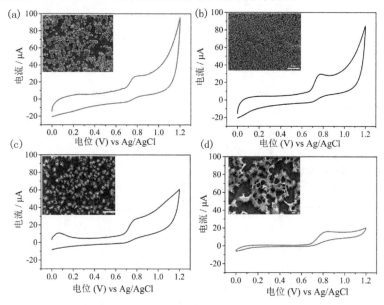

图 10 – 6　基于不同表面形貌的 CuOx/ERGO 纳米复合物对 1 mM 亚硝酸根电化学性能的影响
（a）:牡丹状（pH 3）;（b）:蜂窝状（pH 4）;（c）:玫瑰状（pH 6）;（d）:紫薇状（pH 8）

为了探究工作电极反应的动力学机理,研究了亚硝酸盐氧化电流响应强度与扫描速率的关系。图 10 –7（a）为含 1 mM 亚硝酸盐在 0.1 mol/L PBS（pH = 4.0）溶液中不同扫描速率（10 ~ 500 mV/s）下 CuOx/ERGO/GCE 的 CV 曲线。如图 10 –7（b）所示,氧化电流强度（Ip）与扫描速率平方根（$\nu^{1/2}$）的线性方程为 Ip（mA）= 159.898$\nu^{1/2}$ + 17.002（R^2 = 0.9981）。因此,亚硝酸盐在电极表面的氧化是一个典型的扩散控制过程。如图 10 –7（c）所示,峰值电位与扫描速率（$\ln\nu$）的对数成正比,可以表示为 Epa = 0.0329 $\ln\nu$ + 0.9706（R^2 = 0.9987）。作为一个不可逆转的扩散控制反应,Epa 可由如下方程表述:

$$Epa = \frac{RT}{2(1-a)nF}\ln\nu + \text{constant}$$

其中,a 为电子转移系数,n 为电子数,其他项均为其常规意义。根据 Epa 与 $\ln\nu$ 的线性关系,$(1-a)n$ 计算为 0.391。a 的取值范围为 0.3 ~ 0.7,因此计算 n 值约为 1。这说明亚硝酸盐在制备电极上的氧化是一个单电子转移过程,这与之前的报道一致。在此基础上,亚硝酸根在 CuOx/ERGO/GCE 上电催化氧化的机理可能如下:首先亚硝酸根离子被吸附到 CuOx/ERGO 表面,生成［CuOx/ERGO (NO_2^-)］络合物［反应(1)］;然后,［CuOx/ERGO(NO_2^-)］络合物失去一个电子,生成 NO_2［反应(2)］;最后,通过溶解相歧化反应［反应(3)］生成最终产物 NO_3^-。

$$CuOx - ERGO + NO_2^- \rightleftharpoons [CuOx - ERGO(NO_2^-)] \tag{1}$$

$$[CuOx - ERGO(NO_2^-)] \longrightarrow CuOx - ERGO + NO_2 + e^- \tag{2}$$

$$2NO_2 + H_2O \longrightarrow HNO_2 + H^+ + NO_3^- \tag{3}$$

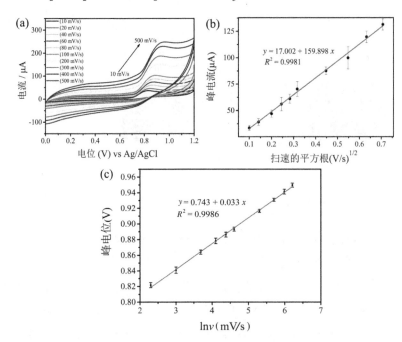

图10 - 7　(a):在 0.1 mol/L PBS (pH 4.0)中,以 CuOx/ERGO/GCE 记录 1 mmol/L 亚硝酸根在不同扫描速率下的 CV 曲线;(b):氧化电流强度(I_p)与扫描速率平方根($v^{1/2}$)的线性关系;(c):氧化峰电位与扫描速率自然对数的线性关系

为了进一步探讨电化学性能改善的原因,我们研究了不同电极的界面性能,计算了不同电极的电化学活性表面积(ECSAs)。图 10 - 8(a)记录了不同修饰电极在含有 0.1 mol/L KCl 的 5mmol/L ［Fe(CN)$_6$］$^{3-/4-}$ 氧化还原探针中在 50 mV/s 扫描速率下的电化学行为。在每个修饰电极的循环伏安图像上都有一对清晰的氧化还原峰。与 GCE 和 ERGO/GCE 相比,CuOx/ERGO/GCE 表现出更高的峰值电流和更小的阳极—阴极峰电位差(ΔE_p)。典型的尼奎斯特图如图 10 - 8(b)所示,图像由高频半圆段和低频线性段组成。半圆段与电子转移限制

过程有关,线段与扩散限制过程有关。从图 10-8(b) 中可以看出,高频下 CuOx/ERGO/GCE 的半圆直径小于 GCE 和 ERGO/GCE,说明 CuOx/ERGO/GCE 的电化学反应动力学较快。此外,GCE、ERGO/GCE 和 CuOx/ERGO/GCE 的 Rct(电荷转移电阻)拟合值分别为 166.7、46.54 和 17.11 Ω,说明 CuOx/ERGO 加速了电子转移过程。

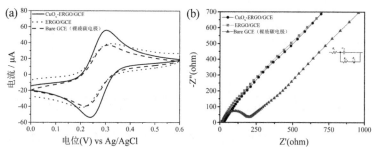

图 10-8　(a):不同电极(GCE、ERGO/GCE 和 CuOx/ERGO/GCE)在含 0.1 mol/L KCl、
5 mmol/L Fe(CN)$_6^{3-/4-}$ 溶液中扫描速度为 50 mV/s 条件下的伏安行为;
(b):不同电极的尼奎斯特图,插图:兰德尔等效电路。

实验表明,峰电流值与扫描速率的平方根之间存在线性关系,如图 10-9(a~c)所示。这一关系表明电极表面的氧化还原反应是一个扩散控制过程。作为典型的可逆过程,可根据 Randles-Sevcik 方程计算不同电极的电化学活性面积(ECSA):$Ip = (2.69 \times 10^5) \, n^{3/2} A D^{1/2} v^{1/2} C$。

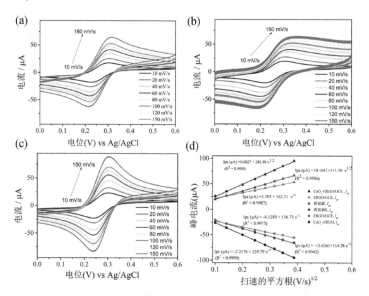

图 10-9　(a~c):不同扫描速率记录不同电极的循环伏安图;
(d):阳极/阴极峰值电流(Ipa、Ipc)与扫描速率平方根之间的线性关系

Ip 为阳极峰电流值(A), n 为电子转移数($n=1$), A 为电化学活性面积
(cm^2), D 为分子扩散常数($D=7.6106\ cm^2/s$), v 为扫描速率(V/s), C 是电活性
化合物的浓度(mol/cm^3)。不同电极 Ip 对 $v^{1/2}$ 曲线的斜率如图 10-9(d)所示,
用于计算三种电极的电化学活性面积。CuOx/ERGO/GCE、ERGO/GCE 和 GCE
的电化学活性面积分别为 6.53×10^{-2} 、 5.17×10^{-2} 、 $4.38\times10^{-2}\ cm^2$ 。结果表明,
由纳米片构成的形貌可调控纳米结构,有利于提高电极电化学活性面积,可以为
提高电催化性能做出贡献。

10.4 亚硝酸盐电化学检测方法的建立及应用

实验测定了不同电极的循环伏安图和时间电流 $i-t$ 曲线,进一步研究了
NO_2^- 的电催化作用。如图 10-10(a)和图 10-10(b)所示,蜂窝状 CuOx/ ERGO
纳米复合材料修饰电极对亚硝酸盐氧化具有最佳电催化活性。GCE 和 ERGO/
GCE 电极表现出较弱的电化学信号,这与它们的电子传递动力学速率较慢有关。
直接生长在 ERGO 上的蜂巢状 CuOx 对电催化行为具有三个积极的影响:①氧化
石墨烯的减少导致 π-共轭电子的传递增强;②蜂窝状 CuOx 的结构为亚硝酸盐
氧化提供了较大的活性面积;③通过氧化石墨烯片与花状 CuOx 之间形成金属连

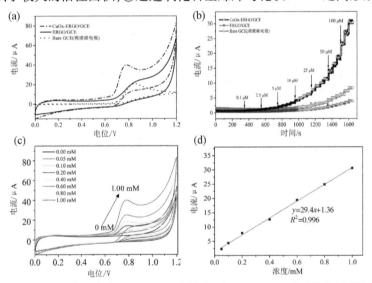

图 10-10 (a):扫描速率为 10 mV/s,不同电极对 1mmol/L 亚硝酸根的循环伏安图;
(b):连续加入不同浓度亚硝酸盐后,CuOx/ERGO/GCE 在 0.1 mol/L
PBS 缓冲液(pH, 4.0)中的 $i-t$ 曲线;(c):不同浓度亚硝酸盐的循环伏安曲线;
(d):亚硝酸盐浓度与 CV 响应电流的线性关系图

接,有效集成氧化石墨烯与花状 CuOx,使氧化石墨烯形成纳米杂化网络连接,促进电子传递到电极表面。从图 10-10 (c)和图 10-10 (d)可以看出,随着亚硝酸盐浓度的增加,峰值电流逐渐增大,但峰值电位保持不变。得到的线性回归方程为 $I(\mu A) = 29.4 c (\mu M) + 1.36 (n = 5, R^2 = 0.996)$,线性范围为 $0.05 \sim 1$ $\mu mol/L$,检出限低至 $0.08 \ \mu mol/L (S/N = 3)$。

为了获得亚硝酸盐测定的最佳电位,实验在不同电位下($0.7 \sim 1.1$ V,Ag/AgCl),在 PBS 中($0.1 \ mol/L$,pH = 4)进行。每隔 50 s 连续添加亚硝酸盐,得到时间电流 $i-t$ 曲线,如图 10-11 (a)所示。显然,在 0.9 V 检测电势下表现出最强的电流响应。当外加电位低于 0.9 V 时,电流响应变弱,这可能是由于催化电位太低而不能氧化亚硝酸根所致。同样,电位越高,电流响应越弱。因此,在后续的实验中,选择 0.9 V 的外加电势进行时间电流测量。为了进一步研究基于蜂窝状 CuOx/ERGO 纳米复合材料的亚硝酸盐检测传感器的电化学性能,实验记录了该传感器在 0.9 V 电势下不同浓度亚硝酸盐的电流响应图 10-11(b)。在试验过程中不断搅拌 PBS 缓冲液,使亚硝酸根离子分散均匀。图 10-11 中的插图(b)展示了 $0.1 \sim 100 \ \mu mol/L$ 亚硝酸盐浓度区间,采用计时电流法测得的 $i-t$ 曲线图,并且对低浓度区间图像进行放大。图 10-11 (c)展示了蜂窝状 CuOx/ERGO 修饰电极在 $0.1 \sim 100 \ \mu mol/L$ 浓度范围内具有良好的线性关系和较低的

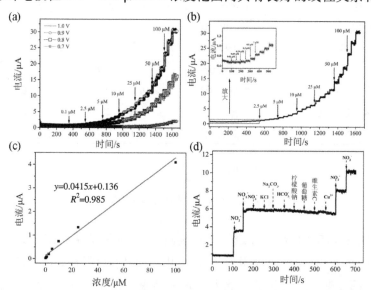

图 10-11　基于 CuOx/ERGO/GCE 的亚硝酸根电化学测定:(a):不同电位下的时间电流 $i-t$ 曲线;(b):0.9 V 电位下的时间电流 $i-t$ 曲线;(c):响应电流随亚硝酸盐浓度的线性校准图;(d):硝酸盐、Ka、CO_3^{2-}、HCO_3^-、葡萄糖、Cu^{2+}、维生素 C、柠檬酸钠等多种化合物的干扰曲线

检测限 0.072 μmol/L。由于检测亚硝酸盐的干扰物质可能与实际样品共存,对亚硝酸盐电催化选择性检测性能的评价有着重要意义。为了验证制备传感器的选择性,研究了存在干扰物质的情况下,包括 1 mmol/L 硝酸盐、1 mmol/L KCl、1 mmol/L CO_3^{2-}、1 mmol/L HCO_3^-、1 mmol/L 葡萄糖、1 mmol/L Cu^{2+}、1 mmol/L 维生素 C 和 1 mmol/L 柠檬酸钠,亚硝酸盐对样品电化学信号的影响。从图 10 - 11 (d) 可以看出,只有亚硝酸盐引起电流响应增强,而其他添加剂对 NO_2^- 的安培检测没有明显的干扰。因此,适当的预处理方法可以有效地避免干扰信号。总的来说,基于 CuOx/ERGO 纳米混合材料的传感器具有良好的选择性。

表 10 - 1 总结了此前文献所报道不同材料修饰电极的亚硝酸盐电化学检测性能。这项工作与之前的研究相比,在亚硝酸盐检测的线性范围和 LOD 测定结果令人满意,说明了该传感器的开发具有更好的应用潜力。

表 10 - 1   不同修饰电极对亚硝酸盐测定性能的比较

电极材料	技术	线性范围 /μmol/L	检测限 /μmol/L
Fe_2O_3/RGO/GCE	微分脉冲法	0.05 ~ 780	0.015
PAN - RGO/GCE	循环伏安法	7.49 ~ 1752.6	0.67
Cu wires	计时电流法	50 ~ 600	12.2
Co_3O_4/RGO/GCE	计时电流法	1 ~ 5400	0.21
a - Fe_2O_3 NAs/CF	计时电流法	0.5 ~ 1000	0.12
CuO/NiO/GCE	计时电流法	10 ~ 5000	0.5
CuO - $2TiO_2$/FTO	线性扫描伏安法	10 ~ 200	0.0166
NPCF - GNs/GCE	计时电流法	0.1 ~ 100	0.0887
MnO_2/GO/SPE	微分脉冲法	0.1 ~ 1000	0.09
ZnO/MWCNTs/GCE	微分脉冲法	0.40 ~ 200	0.082
本工作	计时电流法	0.1 ~ 100	0.072

10.5   实际样品分析

以猪肉香肠作为分析样品进行电化学测试,并利用离子色谱法验证开发的蜂窝状 CuOx/ERGO 修饰电极用于 NO_2^- 电化学检测的可行性和准确性。结果如表 10 - 2 所示,建立的电化学检测方法检测结果与离子色谱法检测结果一致。猪肉香肠的回收率为 86.78% ~ 106.21%。表明该方法对亚硝酸盐的检测具有较高精度。

表 10 - 2　猪肉香肠中亚硝酸盐的测定

实际样品	离子色谱法/ (mg/kg)	电化学法/ (mg/kg)(n = 3)	回收率/%	相对标准 偏差/%
猪肉香肠	13.75	14.60	106.21	4.9
	25.36	22.07	86.78	23.24
	30.9	29.73	96.2	2.79
	37.34	32.53	87.11	8.9

10.6　本章小结

提出了一种环保的 CuOx/ERGO 纳米复合材料制备方法。在两步电沉积过程中,通过调节电沉积溶液的 pH 值,实现了表面形貌可调控的 CuOx/ERGO 纳米复合物的制备。研究了不同形貌的 CuOx/ERGO 纳米复合材料对亚硝酸盐电催化氧化性能,结果表明该材料的电化学活性受其形貌结构影响,其催化性能强弱顺序为:蜂窝状 > 牡丹状 > 玫瑰花状 > 紫薇花状,揭示了修饰材料表面结构对电催化活性的影响。实验证明,蜂窝状 CuOx/ERGO 纳米复合材料具有结合良好的传质结构、高电化学活性面积和良好的导电性。以蜂窝状 CuOx/ERGO 纳米复合材料构建电化学传感器,用以准确、灵敏、选择性地检测亚硝酸盐。其检测线性范围为 0.1 ~ 100 μmol/L 并具有较低的检出限(LOD):0.072 μmol/L。对该传感器进行抗干扰检测实验,并应用于猪肉香肠实际样品检测,结果令人满意。该方法对食品和环境中亚硝酸盐的灵敏检测具有很大的应用潜力。对电化学合成和电化学传感的基础研究具有重要的参考意义。

第 11 章　猪肉香肠中亚硝酸盐荧光
检测方法的建立及应用

亚硝酸盐（NO_2^-）是一种常见的食品添加剂,广泛应用于肉制品中,因为其可以抑制腐败菌的生长,改善肉的颜色和风味。但过度使用会对人体造成伤害,如癌症、高血压、中毒等。世界卫生组织建议,饮用水中亚硝酸盐离子的最高水平为:短期摄入浓度小于 3 mg/L,长期摄入浓度小于 0.2 mg/L。根据国家标准（GB 2760—2014）,亚硝酸盐是一种食品防腐色素,可用于肉类罐头、肉酱等的生产工艺中。但亚硝酸盐的最大使用量为 0.15 g/kg,食物中的残留物不能超过 30 mg/kg。目前采用了多种方法对亚硝酸盐进行准确、灵敏的检测,确保了该方法的安全使用。常用的检测技术有紫外可见光谱法、化学发光法、高效液相色谱法、毛细管电泳法和流动注射分析法等。然而,这些方法有其局限性,如耗时长、需要昂贵的仪器、烦琐的样品预处理和复杂的过程。为了克服这些缺点,建立一种快速、简单、灵敏、低廉的亚硝酸盐检测技术迫在眉睫。因此,快速检测方法应运而生。最近发展的亚硝酸盐快速检测技术包括电化学分析法、表面增强拉曼光谱法、和荧光传感器法。在这些方法中,荧光传感器以其高灵敏度、低成本、便携性、丰富的荧光信号输出、成像和可视化等优点显示出巨大的潜力,受到了科研人员的重视。

在上述研究的基础上,基于绿色碳量子点（gCDs）与 S - 亚硝基硫醇化合物之间的内滤效应,设计了一种快速、灵敏的检测亚硝酸盐的荧光传感器。如图 11 - 1 所示,首先采用一步水热法合成 gCDs,S - 亚硝基硫醇化合物是亚硝酸盐硫醇化反应的产物,可导致 gCDs 荧光猝灭。根据 gCDs 荧光强度与亚硝酸盐浓度的关系,实现亚硝酸盐的定量检测。

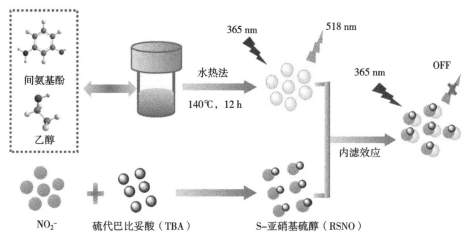

图 11 – 1　gCDs 的合成过程和 NO_2^- 的检测机制

11.1　荧光传感器检测亚硝酸盐的机理

利用紫外吸收光谱图、荧光发射光谱图和荧光寿命图验证了荧光传感器检测亚硝酸盐的机理。从图 11 – 2(a)可以看出,NO_2^- 在 250～500 nm 时没有紫外吸收峰,而 TBA 的吸收峰出现在 300 nm 之前,而 NO_2^- 和 TBA 反应后生成的亚硝基硫醇化合物(RSNO)在 328 nm 处出现了吸收峰,这是由于在酸性条件下,通过延伸的 π 共轭作用生成了 RSNO,延伸的 π 共轭能提高摩尔吸收系数,并导致吸收峰红移的形成。IFE 主要依赖于光谱重叠,实现更好的光谱重叠是设计基于 IFE 的荧光传感器的关键因素。如图 11 – 2(b)所示,RSNO 的吸收光谱(黑线)与 gCDs 的荧光激发光谱(蓝线)有良好的光谱重叠。因此,可以设计一种基于内滤效应的荧光传感器,从而有效地抑制荧光。为了验证 gCDs 和 RSNO 之间的相互作用并了解荧光猝灭过程,研究了在 RSNO 存在和不存在的情况下 gCDs 的荧光寿命衰减图(图 11 – 2(c))。添加 RSNO 前后的 gCDs 的荧光寿命分别为 2.27 ns(黑线)和 2.19 ns(蓝线)。这一发现表明,添加 RSNO 后,gCDs 的寿命几乎保持不变,说明为静态猝灭。综上所述,由于 RSNO 的紫外吸收峰和 gCDs 的荧光激发峰存在光谱重叠,所以检测机理为内滤效应。

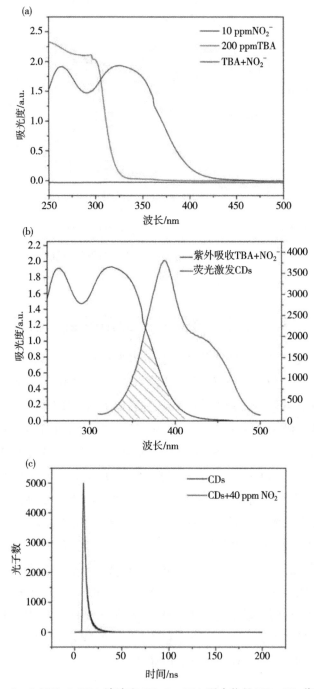

图 11 - 2　（a）NO_2^-、TBA 溶液和 NO_2^- + TBA 混合物的 UV - Vis 紫外吸收；
（b）NO_2^- + TBA 混合物的吸收光谱和 gCDs 的激发光谱；（c）gCDs、gCDs +
NO_2^- + TBA 混合物的荧光寿命衰减

11.2　绿色碳量子点的表征及检测条件的优化

gCDs 样品的不同表面状态和结构最终决定了其光致发光的颜色。为了研究 gCDs 的表面状态和结构,通过 HRTEM 和 FTIR 光谱对一步水热法合成的 gCDs 进行了表征。如图 11 – 3(a~c)所示,gCDs 的分散性良好、大小均一,约为 3.11 nm。如图 11 – 3(c)所示,HRTEM 图像表明,合成的 gCDs 属于碳纳米点中的一类,没有晶格结构。此外,gCDs 溶液在室内光线下是无色的。然而,gCDs 溶液在 365 nm UV 灯下显示出强烈的绿色荧光(图 11 – 3(c)的插图)。荧光呈绿色而不是蓝色,这可能是由于 gCDs 的表面氧化程度增加所致。图 11 – 3(d)为 gCDs(红线)和 3 – 氨基酚(黑线)的红外光谱。在间氨基酚的红外光谱中,在

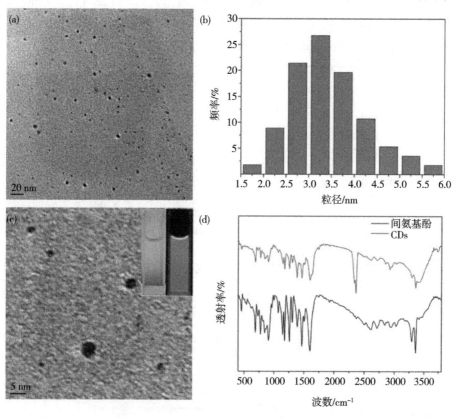

图 11 – 3　(a)制备的 gCDs 透射电镜(TEM)图;(b)gCDs 对应的粒径;(c)gCDs 的 HRTEM 图像,插图显示了 MES 缓冲液中在日光下(左)和 365 UV 灯下(右)的 gCDs 照片;(d)gCDs 的 FTIR 光谱

3000~3500 cm^{-1} 的光谱峰为 O—H 和 N—H 的存在，在 1600 cm^{-1} 的峰是由于 C=O 的振动，在 1384 cm^{-1} 是由于 O—H 的弯曲。此外，峰值在 843 cm^{-1} 说明苯环结构的存在。与前体物间氨基酚的光谱相比，gCDs 的光谱在 2336 cm^{-1} 和 2361 cm^{-1} 处出现了两个新的强峰，可能代表 O=C=O 和—C≡N，说明一步水热法成功合成了具有绿色荧光的 gCDs。

为了进一步验证 gCDs 的成分和官能团的存在，利用 X 射线光电子能谱（XPS）对 gCDs 进行表征。如图 11-4(a) 所示，三个主峰的中心约为 284.6、399.5 和 532.8 eV，分别属于 C1s、N1s 和 O1s。图 11-4(b) 中 C1s 的高分辨率 XPS 能谱分别为 284.6、286.3 和 288.7 eV，分别对应于 C—C、C—N 和 C—O 的存在。从图 11-4(c) 可以看出，分别位于 531.2、532.1 和 532.9 eV 处的峰证实了 gCDs 中存在 C=O、O—H 和 C—O 键。N1s 谱（图 11-4(d)）显示了三个峰的中心分别为 398.5、399.5 和 400.7 eV，分别对应于吡啶 N、吡咯 N 和 C—N 的存在。从图 11-4 可以看出 XPS 的结果与 FTIR 的结果一致。

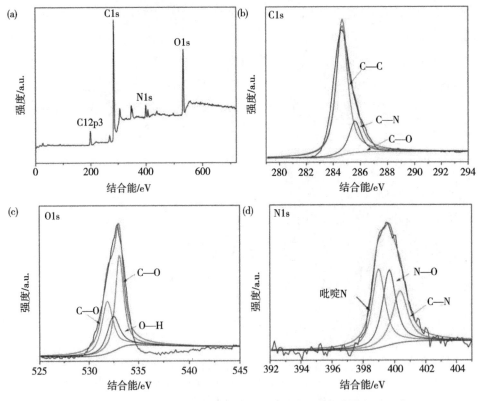

图 11-4　(a)gCDs 全光谱 XPS 分析；(b)gCDs 的高分辨率 C1s 峰；
(c)gCDs 的高分辨率 O1s 峰；(d)gCDs 的高分辨率 N1s 峰

gCDs 的荧光强度和 RSNO 的形成很大程度上依赖于 pH,因此 pH 在传感体系中起着关键作用。为了实现灵敏的检测,研究了在不同 pH 值下的 gCDs 和加入 NO_2^-、TBA、RSNO 的 gCDs 的荧光变化。如图 11 -5(a)所示,在 gCDs 溶液中分别加入 TBA 和 20 μg/mL NO_2^- 后,gCDs 溶液的荧光强度保持不变。而当 TBA

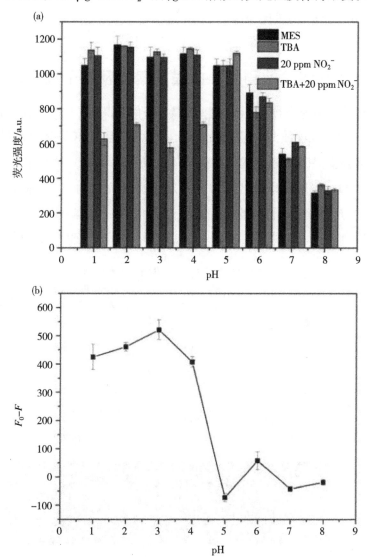

图 11 -5 　(a)在不同 pH 值(1.0 ~8.0)下,MES 缓冲溶液中 gCDs 荧光强度、加入 TBA 后 gCDs 荧光强度、gCDs 与 NO_2^- 混合荧光强度,以及 gCDs、NO_2^- 与 TBA 混合 荧光强度;(b)添加 NO_2^- 和 TBA 后,gCDs 在不同 pH 值(1.0 ~8.0)下的猝灭程度

和 NO$_2^-$ 同时加入 gCDs 溶液时,荧光强度呈下降趋势,进一步说明 TBA 和 NO$_2^-$ 的结合导致了荧光的有效猝灭。从图 11 – 5(b)可以看出,加入 NO$_2^-$ 和 TBA 后,gCDs 在 pH 为 3 时的猝灭程度最高。这一现象的发生可能是由于氢离子的还原不利于亚硝酸盐的形成,导致 RSNO 的还原,这与提出的机理吻合。因此,选择 pH 3 作为检测 NO$_2^-$ 的最优 pH。

11.3   亚硝酸盐检测标准曲线的建立及抗干扰性能研究

为了评价荧光传感器的分析性能,在最佳条件下得到了校准曲线,如图 11 – 6(a)所示。荧光强度随 NO$_2^-$ 浓度的增加而降低。但当 NO$_2^-$ 浓度超过 20 μg/mL 时,荧光强度保持不变,这可能是由于 TBA、NO$_2^-$ 和 gCDs 相互作用达到平衡所致。从图 11 –6(b)可以看出,在 0.4 ~ 20 μg/mL 范围内,NO$_2^-$ 浓度与猝灭效率($F_0 – F$)/F_0 之间存在良好的线性关系,R^2 为 0.989。当信噪比为 3(3σ/斜率,其中 σ 为标准差)时,检测限(LOD)达到 0.23 μg/mL。该传感器的分析性能

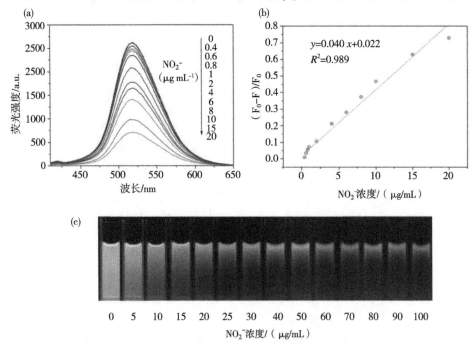

图 11 – 6   (a)TBA 和不同浓度 NO$_2^-$(0 ~ 20 μg/mL)混合物对 gCDs 的荧光光谱;
(b)(F_0 F)/F_0 与 NO$_2^-$ 浓度的线性关系;
(c)激发波长为 365 nm 的紫外灯下 TBA 和不同浓度 NO$_2^-$ 的混合物的 gCDs 照片

可以满足食品样品中亚硝酸盐的测定要求。与其他亚硝酸盐分析方法相比（表 11 – 1），该传感器的线性范围宽，LOD 低，对检测亚硝酸盐具有足够的灵敏度。从图 11 – 6(c) 可以看出，在激发波长为 365 nm 的紫外灯照射下，gCDs 的绿色荧光亮度随着 NO_2^- 浓度的增大而逐渐变暗。结果表明，基于内滤效应，不同浓度的亚硝酸盐使检测体系的颜色和亮度发生变化。在检测仪器有限的情况下，这种方法有利于可视化半定量测量。

表 11 –1　不同亚硝酸盐检测方法的分析性能比较

方法	检测范围 /(μg/mL)	最低检出限 /(μg/mL)
电化学法	0.345 ~ 6.9	0.0414
分光光度法	0.03 ~ 0.30	0.0029
比色法	0.69 ~ 345	0.69
液相色谱法	0.5 ~ 15	0.00421
CDs/中性红	0 ~ 0.3	3.575×10^{-5}
聚合物 CDs 荧光传感器	0.138 ~ 6.9	0.038
橙色荧光 N – CDs 荧光传感器	0.552 ~ 6.9	0.0449
绿色荧光 CDs 荧光传感器	0.4 ~ 20	0.23

　　为了考察该探针检测 NO_2^- 的抗干扰能力，在相同条件下通过在 gCDs 溶液中加入干扰物质来测量荧光强度，如图 11 – 7(a) 所示，浓度为 20 μg/mL 的 KCl、KH_2SO_4、$MgSO_4$、Na_2HPO_4、$NaNO_3$、$NaHCO_3$、Na_2CO_3、NaCl、葡萄糖、柠檬酸钠、$CuSO_4$ 等干扰组分对反应体系影响较小，只有 $NaNO_2$ 可以导致有效的荧光猝灭。此外，与 $NaNO_2$ 共存时，干扰物质也不会影响 gCDs 的荧光强度（图 11 – 7(b)）。gCDs 的荧光在激发波长为 365 nm 的紫外灯下被 $NaNO_2$ 明显猝灭，如图 11 – 7(c) 所示。相比之下，在可能的干扰成分存在的情况下，gCDs 仍然显示出明亮的绿色荧光。因此，该方法对 NO_2^- 的检测具有较高的选择性。因此，在已知的亚硝酸盐硫醇化学反应的基础上实现了对亚硝酸盐的高特异性检测，这使得该荧光传感器对其他干扰剂具有较好的抗干扰性。

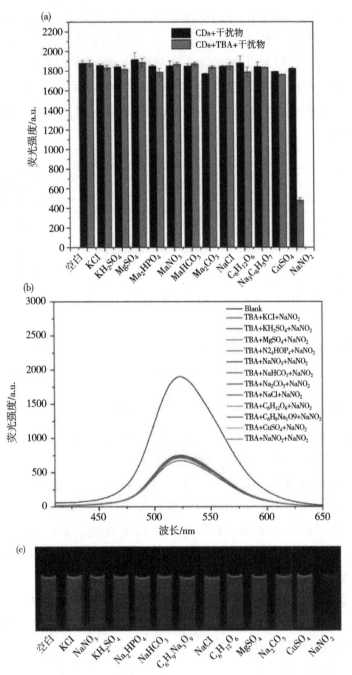

图 11-7　(a)不同影响因子对 gCDs(黑色)和 gCD 与 TBA 混合物(红色)荧光强度变化的
柱形图;(b)gCDs 在 NO$_2^-$ 和 TBA 及不同影响离子下的荧光光谱;(c)在激发波长为
365 nm 的紫外灯下,TBA 和 NO$_2^-$ 混合物、TBA 和影响离子混合物的 gCDs 照片

11.4　基于绿色碳量子点的荧光传感器在亚硝酸盐检测的实际应用

为了评价该方法在实际样品中的性能,使用该方法检测肉品中的 NO_2^- 浓度,回收率为 86.61% ~ 103.22%,相对标准偏差(RSD)为 0.3% ~ 3.0%,表明该荧光传感器适用于实际样品中亚硝酸盐的检测,具有较好的准确性和重现性。此外,用离子色谱法验证了荧光传感器检测结果的可靠性。离子色谱得到的结果与开发的荧光传感器得到的结果基本一致,表明该传感器具有良好的实用性。综上所述,所设计的方法对于定量检测复杂食品基质中的 NO_2^- 具有很大的潜力。

11.5　本章小结

成功地构建了一种操作简单、灵敏度高、选择性好的检测亚硝酸盐的新型荧光传感器。检测机理为绿色荧光 gCDs 与 S – 亚硝基硫醇之间的内滤效应,它是通过 π – 共轭引发的亚硝酸盐硫醇反应生成。在最佳条件下,该方法下线性范围为 0.4 ~ 20 μg/mL,最低检出限为 0.23 μg/mL。该传感器成功应用于食品样品中 NO_2^- 的检测,回收率为 86.61% ~ 103.22%,RSD 为 0.3% ~ 3.0%。通过荧光探针在不同浓度 NO_2^- 下的亮度和颜色变化,可以实现亚硝酸盐的可视化检测。本方法可应用到肉制品中亚硝酸盐的灵敏性、选择性检测。

参考文献

[1]白艳红,赵电波,毛多斌,等. 电子束辐照冷却猪肉杀菌工艺优化[J]. 农业工程学报,2009,25(12):312-317.

[2]白艳红,毋尤君,张翔,等. 超高压处理提高冷却猪肉生物安全性的研究[J]. 食品工业科技,2009,29(6):99-101.

[3]白艳红,李全顺,毛多斌,等. 电子束辐照对冷却猪肉杀菌保鲜效果的研究[J]. 辐射研究与辐射工艺学报,2009,27(2):89-94.

[4]谢美娟,何向丽,杜娟,等. 冷鲜鸡肉中2种优势腐败菌的分离鉴定[J]. 食品科技,2018,322(8):336-341.

[5]李可,韩雪,谢美娟,等. SPE-UPLC-MS/MS 法测定酱卤鸡腿老汤中10种杂环胺[J]. 食品工业,2017(8):306-310.

[6]李可,韩雪,谢美娟,等. HPLC 法检测市售传统肉制品中的杂环胺含量[J]. 现代食品科技,2017(10):300-307.

[7]谢美娟,何向丽,李可,等. 卤煮时间对酱卤鸡腿品质的影响[J]. 食品工业科技,2017(21):33-37.

[8]白艳红,韩雪,李可,等. 市售酱卤鸡腿老汤中杂环胺含量的检测与分析[J]. 轻工学报,2017,32(3):8-13.

[9]康超娣,相启森,赵电波,等. 冷等离子体在肉品安全控制领域应用研究进展[J]. 食品工业,2019(5):280-284.

[10]李可,赵颖颖,刘骁,等. 超声波技术在肉类工业杀菌的研究与应用进展[J]. 食品工业,2018,39(1):223-227.

[11]刘骁,潘迎捷,谢晶. 生物保鲜剂在肉制品保鲜中的应用[J]. 湖南农业科学,2010(10):88-91.

[12]刘骁,谢晶,林永艳. 复合生物保鲜剂对猪肉保鲜的研究[J]. 食品与机械,2011(6):206-210.

[13]刘骁,谢晶,林永艳,等. ε-聚赖氨酸对冷却猪肉保鲜效果的研究[J]. 湖北农业科学,2012,51(1):146-149.

［14］刘骁，谢晶. 生物保鲜剂结合气调包装对冷却猪肉品质的影响［J］. 食品工业科技, 2014, 35(12):344 – 348.

［15］LEE H, YONG H I, KIM H J, et al. Evaluation of the microbiological safety, quality changes, and genotoxicity of chicken breast treated with flexible thin – layer dielectric barrier discharge plasma［J］. Food Science and Biotechnology, 2016, 25(4): 1189 – 1195.

［16］JAYASENA D D, KIM H J, YONG H I, et al. Flexible thin – layer dielectric barrier discharge plasma treatment of pork butt and beef loin: Effects on pathogen inactivation andmeat – quality attributes ［J］. Food Microbiology, 2015, 46: 51 – 57.

［17］FRÖHLING A, DUREK J, SCHNABEL U, et al. Indirect plasma treatment of fresh pork: Decontamination efficiency and effects on quality attributes［J］. Innovative Food Science & Emerging Technologies, 2012, 16: 381 – 390.

［18］BAE S C, PARK S Y, CHOE W, et al. Inactivation of murine norovirus – 1 and hepatitis A virus on fresh meats by atmospheric pressure plasma jets［J］. Food Research International, 2015, 76 (Part 3): 342 – 347.

［19］CHOI S, PULIGUNDLA P, MOK C. Corona discharge plasma jet for inactivation of *Escherichia coli* O157: H7 and *Listeria monocytogenes* on inoculated pork and its impact on meat quality attributes ［J］. Annals of Microbiology, 2016, 66(2): 685 – 694.

［20］YONG H I, LEE H, PARK S, et al. Flexible thin – layer plasma inactivation of bacteria and mold survival in beef jerky packaging and its effects on the meat's physicochemical properties［J］. Meat Science, 2017, 123: 151 – 156.

［21］DIRKS B P, DOBRYNIN D, FRIDMAN G, et al. Treatment of raw poultry with nonthermal dielectric barrier discharge plasma to reduce *Campylobacter jejuni* and *Salmonella enterica*［J］. Journal of Food Protection, 2012, 75(1): 22 – 28.

［22］KIM B, YUN H, JUNG S, et al. Effect of atmospheric pressure plasma on inactivation of pathogens inoculated onto bacon using two different gas compositions［J］. Food Microbiology, 2011, 28(1): 9 – 13.

［23］KIM J S, LEE E J, CHOI E H, et al. Inactivation of *Staphylococcus aureus* on the beef jerky by radio – frequency atmospheric pressure plasma discharge treatment ［J］. Innovative Food Science & Emerging Technologies, 2014,

22：124 – 130.

[24]BAUER A, NI Y, BAUER S, et al. The effects of atmospheric pressure cold plasma treatment on microbiological, physical – chemical and sensory characteristics of vacuum packaged beef loin ［J］. Meat Science, 2017, 128：77 – 87.

[25]ZHOU R W, LI J W, ZHOU R S, et al. Atmospheric – pressure plasma treated water for seed germination and seedling growth of mung bean and its sterilization effect on mung bean sprouts ［J］. Innovative Food Science & Emerging Technologies, 2018：S1466856418301358.

[26]PARK D P, DAVIS K, GILANI S, et al. Reactive nitrogen species produced in water by non – equilibrium plasma increase plant growth rate and nutritional yield［J］. Current Applied Physics, 2013, 13：S19 – S29.

[27]TAKAKI K, TAKAHATA J, WATANABE S, et al. Improvements in plant growth rate using underwater discharge［J］. Journal of Physics Conference Series, 2013, 418：012140.

[28]Ku č erová K, Henselová M, Slováková L', et al. Effects of plasma activated water on wheat：Germination, growth parameters, photosynthetic pigments, soluble protein content, and antioxidant enzymes activity［J］. Plasma Processes and Polymers, 2019, 16(3)：e1800131.

[29]PARK Y, OH K S, OH J, et al. The biological effects of surface dielectric barrier discharge on seed germination and plant growth with barley［J］. Plasma Processes and Polymers, 2018：e1600056.

[30]HAYASHI N,ONO R, SHIRATANI M, et al. Antioxidative activity and growth regulation of brassicaceae induced by oxygen radical irradiation［J］. Japanese Journal of Applied Physics, 2015, 54(6)：06GD01.

[31]康超娣, 相启森, 刘骁, 等. 等离子体活化水在食品工业中应用研究进展 ［J］. 食品工业科技, 2018,39(7)348 – 352.

[32]康超娣. 等离子体活化水对冷鲜鸡肉源 P. deceptionensis 杀菌效果及机制研究 ［D］. 郑州：郑州轻工业大学,2019.

[33]KANG C D, XIANG Q S, ZHAO D B, et al. Inactivation of Pseudomonas deceptionensis CM2 on chicken breasts using plasma – activated water［J］. Journal of Food Science and Technology – Mysore –, 2019, 56 (11)：

4938 – 4945.

[34] XIANG Q S, KANG C S, ZHAO D B, et al. Influence of organic matters on the inactivation efficacy of plasma – activated water against E. coli O157:H7 and S. aureus[J]. Food Control, 2019, 99:28 – 33.

[35] XIANG Q S, KANG C D, NIU L Y, et al. Antibacterial activity and a membrane damage mechanism of plasma – activated water against, Pseudomonas deceptionensis, CM2 [J]. LWT – Food Science and Technology, 2018, 96:395 – 401.

[36] YAO Y, PENG Z Q, SHAO B, et al. Effects of frying and boiling on the formation of heterocyclic amines in braised chicken [J]. Poultry science, 2013, 92(11): 3017 – 3025.

[37] 曾茂茂，李洋，何志勇，等. 液相色谱—质谱联用法结合主成分分析考察食品中前体物质对 HAAs 生成的影响[J]. 分析化学, 2015, 42(1): 71 – 76.

[38] 岳晓月. 食品抗氧化剂 TBHQ 和 PG 电化学及荧光检测方法研究 [D]. 杨凌：西北农林科技大学,2017.

[39] NEMIROSKI A, CHRISTODOULEAS D C, HENNEK J W, et al. Universal mobile electrochemical detector designed for use in resource – limited applications [J]. Proc Natl Acad Sci U S A, 2014, 111(33):11984 – 11989.

[40] RADHAKRISHNAN S, KRISHNAMOORTHY K, SEKAR C, et al. A highly sensitive electrochemical sensor for nitrite detection based on Fe_2O_3 nanoparticles decorated reduced graphene oxide nanosheets[J]. Appl. Catal., B, 2014: 148 – 149, 22 – 28.

[41] XUE Z, FU X, RAO H, et al. A new electron transfer mediator actuated non – enzymatic nitrite sensor based on the voltammetry synthetic composites of 1 – (2 – pyridylazo) – 2 – naphthol nanostructures coated electrochemical reduced graphene oxide nanosheets[J]. Electrochim. Acta, 2018, 260:623 – 629.

[42] WU Y, GAO M, LI S, et al. Copper wires with seamless 1D nanostructures: Preparation and electrochemical sensing performance[J], Mater. Lett., 2018, 211: 247 – 249.

[43] LIU H, GUO K, LV J, et al. A novel nitrite biosensor based on the direct electrochemistry of horseradish peroxidase immobilized on porous Co_3O_4 nanosheets and reduced graphene oxide composite modified electrode[J], Sens.

Actuators, B, 2017, 238: 249 – 256.

[44] MA Y, SONG X, GE X, et al. In situ growth of $\alpha - Fe_2O_3$ nanorod arrays on 3D carbon foam as an efficient binder – free electrode for highly sensitive and specific determination of nitrite[J]. Journal of Materials Chemistry A, 2017, 5 (9): 4726 – 4736.

[45] SARAVANAN J, RAMASAMY R, THERESE H A, et al. Electrospun CuO/ NiO composite nanofibers for sensitive and selective non – enzymatic nitrite sensors[J]. New J. Chem., 2017, 41: 14766 – 14771.

[46] EHSAN M A, NAEEM R, MCKEE V, et al. Electrochemical sensing of nitrite using a copper – titanium oxide composite derived from a hexanuclear complex [J]. RSC Adv., 2016, 6: 27852 – 27861.

[47] MAJIDI M R, GHADERI S. Hydrogen bubble dynamic template fabrication of nanoporous Cu film supported by graphene nanaosheets: A highly sensitive sensor for detection of nitrite[J]. Talanta, 2017, 175: 21 – 29.

[48] JAISWAL N, TIWARI I, FOSTER C W, et al. Highly sensitive amperometric sensing of nitrite utilizing bulk – modified MnO_2 decorated Graphene oxide nanocomposite screen – printed electrodes[J]. Electrochim. Acta, 2017, 227: 255 – 266.

[49] ZHANG M L, HUANG D K, CAO Z, et al. Determination of trace nitrite in pickled food with a nano – composite electrode by electrodepositing ZnO and Pt nanoparticles on MWCNTs substrate[J]. LWT – Food Science and Technology, 2015, 64(2): 663 – 670.

[50] YUE X Y, LUO X Y, ZHOU Z J, et al. pH – regulated synthesis of CuOx / ERGO nanohybrids with tunable electrocatalytic oxidation activity towards nitrite sensing[J]. New Journal of Chemistry, 2019, 43 (12): 4947 – 4958.